8.11

軍旗

陸軍軍旗

中國人民解放軍徽章兼陸軍徽章

海軍軍旗

空軍軍旗

海軍徽章

空軍徽章

13.1

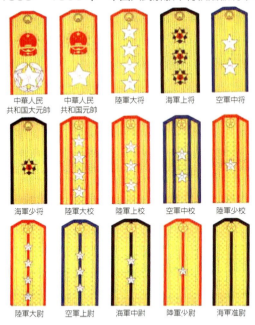

13.2

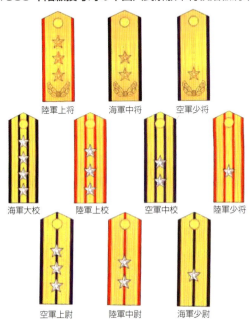

図解 現代中国の軌跡

中国国防

田越英 著
三潴正道 監訳
吉田祥子 訳

SP TOKYO

出版にあたって

　習近平総書記は、「全面的に対外開放するという状況において重要な任務は、人々がより全面的、客観的に現代中国を認識し、外部の世界を見るよう導くことである」と指摘した。全面的、客観的に現代中国を認識するには、中国の基本的状況を理解し、国情を掌握するのが基礎であり、それは我々が中国独自の社会主義の道を確固たる足取りで歩む前提条件であり、主要条件でもある。このため、我が社は特にこの『図解現代中国叢書』の出版を企画した。

　このシリーズの最大の特徴は、要点を押さえた文章説明と図解による相互補完方式を通して、わかりやすく具体的に内容を示すことにより、読者がマクロ的、視覚的に、かつ素早く手軽に国情の基本的な側面とポイントをつかむことができ、同時により全般的に深く現在の中国を理解できるよう導いていることである。このシリーズは、我々が読者に提供する新しい試みであり、至らぬ点については、ご叱正賜るようお願い申し上げる。

人民出版社

2013年9月

日本語版に寄せて

　2013年に『図解現代中国叢書　中国国防』が正式に出版されてから4年が経過し、中国の国防体制にもいくつかの変化が見られた。2015年9月3日、習近平・中央軍事委員会主席は「中国人民抗日戦争と世界反ファシズム戦争〔日中戦争と第二次世界大戦〕勝利70周年」を記念する式典で演説し、軍の人員定数を30万人削減することを表明した。その後、中国の国防と軍の体制に一連の改革が行われた。

　第一段階として、人民解放軍は陸軍指導機構を設立し、ロケット軍〔第二砲兵を格上げ〕と戦略支援部隊〔宇宙・サイバー分野を担う〕を増設した。2015年12月31日、習近平・中央軍事委員会主席は陸軍・ロケット軍・戦略支援部隊に軍旗を授与し、訓辞を述べた。これは中国独自の現代的軍事力体制を構築する重大な改革であり、人民解放軍現代化建設の重要な一里塚である。これまでの人民解放軍には独立した陸軍指導機構が存在せず、総参謀部が指導機構の職能を代行していたため、軍種としての陸軍の特色と意識が弱かった。独立した陸軍指導機構を新設することで、かつての「大陸軍主義」〔陸軍が主導し海・空軍が補佐するという陸軍中心主義〕が改まれば、必ずや軍種意識が強化され、新しいタイプの陸軍になるだろう。以前の人民解放軍は陸・海・空の3軍と第二砲兵で構成されていたが、改革後は陸・海・空・ロケット軍の4軍と戦略支援部隊に変更された。

　第二段階として、人民解放軍の4総部を調整・改革し、15の中央軍事委員会事務機関に再編した。2016年1月、中央軍事委員会は従来の総参謀部・総政治部・総後勤部・総装備部の4つの総部を、軍委弁公庁、軍委連合参謀部、軍委政治工作部、軍委後勤保障部、軍委装備発展部、軍委訓練管理部、軍委国防動員部、軍委紀律検査委員会、軍委政法委員会、軍委科学技術委員会、軍委戦略計画弁公室、軍委改革・編制弁公室、軍委国際軍事協力弁公室、軍委審計〔会計監査〕署、軍委機関事務管理総局の15の職能部門に改めた。今回の中央軍事委員会直属機関の調整・改組は、「軍委統括、戦区主戦、軍種主建〔中央軍事委員会が全体を監督し、戦区が作戦を主管し、軍種が軍事力建設の主体となる〕」という大原則に従っ

て総部制を多部門制に改めたものである。

　第三段階として、人民解放軍は7大軍区を5大戦区に再編した。2016年2月1日、習近平・中央軍事委員会主席は東部戦区・南部戦区・西部戦区・北部戦区・中部戦区に軍旗を授与するとともに訓令を発して、人民解放軍の作戦指揮体制が変化したことを示した。すなわち、人民解放軍の合同作戦体系を構築し、従来の南京・済南・広州・蘭州・瀋陽・北京・成都の7大軍区を東部・南部・西部・北部・中部の5大戦区に改め、かつ戦区合同作戦指揮機構を創設した。

　第四段階として、人民解放軍は18の集団軍を13の集団軍に改めるとともに、番号呼称を統一・変更した。2017年4月、中央軍事委員会は、従来の18の集団軍を基礎に13の集団軍へ調整・再編することを決定し、番号はそれぞれ次のとおりとした。中国人民解放軍陸軍第71・第72・第73・第74・第75・第76・第77・第78・第79・第80・第81・第82・第83集団軍。集団軍改革は陸軍機動作戦部隊の全面的な再構築であり、強大で現代化された新型陸軍の建設に踏み出す重要な一歩である。

　今回の人民解放軍の調整・改革はまだ完了しておらず、改革期間は2020年まで継続される予定である。これは人民解放軍の歴史上重大な改革であり、必ずや中国の国防体制と軍隊の整備に重大な影響を及ぼすものになるだろう。

田越英
2017年12月

監訳者序文

　今般、科学出版社東京より、人民出版社の図解現代中国叢書（国防・経済・教育・政治）計 4 冊を翻訳刊行することになった。これらはいずれも 2011 年～ 2014 年にかけて中国国内で出版されたものである。したがってこの出版が、2012 年の 18 全大会で党総書記が胡錦濤から習近平へバトンタッチされたことを受けたものであることは想像に難くない。

　18 全大会以後、習近平体制の下、今日までさまざまな改革が行われた。国務院の機構改革は過去何度も行われ、例えば、2003 年に温家宝首相が誕生したときには、2001 年の WTO 加盟に合わせて大幅な機構改革が行われたが、2013 年も李克強首相の登場とともに主要機構が 25 に統合され、「市場に権限を、社会に権限を、地方に権限を」というスローガンが打ち出された。すなわち、政府と市場の関係、政府と社会の関係に目が向けられたと言えよう。

　国防関係でいえば、2011 年 5 月のアメリカ軍によるビン・ラディン襲撃作戦は中国に強い衝撃を与え、2013 年 18 期三中全会で軍制改革の基本方針が提示され、それが 2015 年 5 月の国防白書、さらには 2015 年 11 月の中央軍事委改革工作会議、2016 年 1 月の中央軍事委員会の抜本的機構改革発表へとつながっていった。

　このところ、2017 年の 19 全大会、年明け後の二中全会・三中全会、そして 3 月の全人代と経過する中で、習近平政権の基盤構築が急速に進み、それとともに、今後のさまざまな改革の方向、外交方針も打ち出されているが、これらの動向を客観的かつ正しく把握することが今ほど求められている時はない。

　過去、日本における対中観は一方的なネガティブキャンペーンに洗脳され、極めて偏ったものとなり、中国のこれまでの発展プロセスを正確に分析することなく、中国をことさらにライバル視し、甚だしきは政治的・経済的に敵視するような論調が主流だった。もちろんこれには、領土問題や、これまでの中国ビジネスで経験した中国政府や相手企業の応対に対する日本側のトラウマが作用していることは否めない。しかし、上記のネガティブキャンペーンに含まれているもう 1 つの要素、すなわち、中国を見下す日本人の傲慢、中国に追いつき追い越されつ

つあるところから生まれる焦慮、ほぼ単一民族であるが故の"夜郎自大"的な偏狭な島国根性と異文化理解能力の欠如も目をそらさず見つめる必要がある。

　中国を客観的かつ正確に分析するにはそのたどった道とそこで遭遇したさまざまな問題をしっかり把握することが大前提になろう。その意味で、本書が上記4つの分野で新中国が建国以来歩んできた道を豊富な図解を添えて提示したことは、はなはだ時宜を得た企画であった。

　今行われている改革はまさにその道の上に行われているのであり、このプロセスに対する深い認識がなければ、耳に入る豊富な情報も却って誤った判断を生んでしまうだろう。

　振り返れば、1989年の天安門事件、90年代末の朱鎔基の三大改革、中国の地域発展の動向、リーマンショックの影響、知財権政策、都市化の方向性、習近平の評価、自由貿易区への見方、国有企業改革に対する分析、いったい、日本人はどれくらい誤った評価や予測を繰り返してきたことだろうか。急がば回れ、まず、本シリーズによって中国のこれまでの軌跡と内部組織のメカニズムを理解する事から始めるべきであろう。

三潴正道
2018年6月

目　次

出版にあたって ——————————————————————— *iii*
日本語版に寄せて ——————————————————————— *iv*
監訳者序文 ————————————————————————— *vi*

第1編　体制編

第1章　国防体制 ———————————————————— *2*
  1.1　従来の国防指導体制 ——————————————————— *2*
  1.2　武装力体制 —————————————————————— *4*
  1.3　国防動員体制 ————————————————————— *6*

第2章　武装力の構造 —————————————————— *8*
  2.1　中国人民解放軍 ————————————————————— *8*
  2.2　総部機関 ——————————————————————— *10*
  2.3　陸　軍 ———————————————————————— *12*
  2.4　大軍区 ———————————————————————— *14*
  2.5　海　軍 ———————————————————————— *16*
  2.6　空　軍 ———————————————————————— *18*
  2.7　第二砲兵 ——————————————————————— *20*
  2.8　軍事科学院と国防大学 ————————————————— *22*
  2.9　駐香港部隊と駐マカオ部隊 ———————————————— *24*
  2.10　中国人民武装警察部隊 ————————————————— *26*
  2.11　予備役部隊と民兵 ——————————————————— *28*

第3章　国防指導体制および武装力の歴史と沿革 ——————— *30*
  3.1　国防指導体制の歴史と沿革 ———————————————— *30*
  3.2　人民解放軍の歴史と沿革 ————————————————— *32*
  3.3　中央軍事委員会の歴史と沿革 ——————————————— *34*

3.4 人民解放軍各軍種・兵種の歴史と沿革 ———————— 36

第4章　国防関連法 ———————— 38
4.1 現行の国防関連法体系 ———————— 38
4.2 主な国防関連法の概要 ———————— 40

第1編　訳注 ———————— 42

第2編　政策編

第5章　国防政策 ———————— 44
5.1 国家安全保障の基本目標と任務 ———————— 44
5.2 積極防御の戦略方針 ———————— 46
5.3 核政策 ———————— 48

第6章　国防思想と理論 ———————— 50
6.1 積極防御の戦略思想 ———————— 50
6.2 海軍の戦略思想 ———————— 52
6.3 空軍の戦略思想 ———————— 54
6.4 陸軍の戦略思想 ———————— 56

第7章　国防教育 ———————— 58
7.1 国防教育の形式と内容 ———————— 58
7.2 国家国防教育弁公室 ———————— 60
7.3 学生軍事訓練工作弁公室 ———————— 62
7.4 普通高等学校〔普通高等教育機関〕人民武装部 ———————— 64
7.5 全国普通高等教育機関軍事教学指導委員会 ———————— 66
7.6 その他の国防教育機構 ———————— 68

第2編　訳注 ———————— 70

第3編　項目編

第8章　中国人民解放軍の指導思想と光栄ある伝統 — 72
- 8.1　毛沢東の軍事思想 — 72
- 8.2　鄧小平の新時代軍隊建設思想 — 74
- 8.3　江沢民の国防・軍隊建設思想 — 76
- 8.4　胡錦濤の国防・軍隊建設思想 — 78
- 8.5　人民解放軍の性質・信条・任務 — 80
- 8.6　「党指揮槍」の原則 — 82
- 8.7　十大軍事原則 — 84
- 8.8　戦闘気風と三大民主 — 86
- 8.9　三大紀律、八項注意、三大任務 — 88
- 8.10　「三八作風」と「将兵一致、軍民一致、敵軍瓦解」の原則 — 90
- 8.11　軍旗、徽章、軍歌 — 92
- 8.12　新時代の人民解放軍建設における総合的指針と使命 — 94

第9章　新中国成立後の作戦行動 — 96
- 9.1　戦略的追撃 — 96
- 9.2　国民党残存勢力・匪賊掃討闘争 — 98
- 9.3　抗米援朝戦争〔朝鮮戦争〕— 100
- 9.4　一江山島戦役 — 102
- 9.5　金門砲撃 — 104
- 9.6　国土防空作戦 — 106
- 9.7　大陸沿海地区防衛の海戦 — 108
- 9.8　中印国境自衛反撃戦〔中印国境紛争〕— 110
- 9.9　援越抗米〔ベトナム戦争〕— 112
- 9.10　中ソ国境自衛反撃戦〔中ソ国境紛争〕— 114
- 9.11　西沙海戦〔西沙諸島の戦い〕— 116
- 9.12　中越国境自衛反撃戦〔中越戦争〕— 118

第10章　新中国成立後の大規模軍事演習 ─ 120
- 10.1　遼東半島対上陸演習 ─ 120
- 10.2　全軍軍事競技大会 ─ 122
- 10.3　華北軍事演習 ─ 124

第11章　新中国成立後14回の国慶節閲兵式 ─ 126
- 11.1　1949年の建国式典閲兵式 ─ 126
- 11.2　抗米援朝戦争前後の4回の閲兵式 ─ 128
- 11.3　全面的正規化・現代化時期における6回の閲兵式 ─ 130
- 11.4　改革開放後の3回の閲兵式 ─ 132

第12章　新中国成立後の数次にわたる重大な軍備縮小 ─ 134
- 12.1　人民解放軍初の軍縮 ─ 134
- 12.2　第1次大規模軍縮 ─ 136
- 12.3　スリム化による軍縮 ─ 138
- 12.4　100万人規模の大軍縮 ─ 140
- 12.5　新たな軍事変革に適応する軍縮 ─ 142
- 12.6　構造を最適化する軍縮 ─ 144

第13章　新中国成立後の軍隊階級制度 ─ 146
- 13.1　全軍初の階級制度実施 ─ 146
- 13.2　新たな階級制度の実施 ─ 148

第14章　国防科学技術 ─ 150
- 14.1　国防科学技術工業体系の形成と発展 ─ 150
- 14.2　陸軍装備の発展 ─ 152
- 14.3　空軍装備の発展 ─ 154
- 14.4　海軍装備の発展 ─ 156
- 14.5　軍用電子装備の発展 ─ 158
- 14.6　ミサイルと宇宙装備の発展 ─ 160

第15章　国際安全保障と協力 ——————————————— 162
  15.1　軍事交流 ————————————————————— 162
  15.2　国連平和維持活動〔PKO〕への参加 ————————— 164
  15.3　軍備管理、軍縮、拡散防止 ———————————— 166
  15.4　国際的な災害救援と人道支援 ——————————— 168

第16章　合同軍事演習と非伝統的安全保障協力 ——————— 170
  16.1　対テロ合同軍事演習 ——————————————— 170
  16.2　対テロ合同軍事演習「平和の使命」（2005～2009年）—— 172
  16.3　対テロ合同軍事演習「平和の使命」（2010～2013年）—— 174
  16.4　多国間海上合同軍事演習「平和」（2007～2011年）——— 176
  16.5　その他の海上合同軍事演習 ———————————— 178
  16.6　広範な防衛協議メカニズムの構築 ————————— 180
  16.7　海軍艦隊の外国訪問 ——————————————— 182
  16.8　海軍艦隊のアデン湾・ソマリア沖での航行護衛 ——— 184

第17章　国家経済建設支援と災害救助・救援活動 —————— 186
  17.1　鉄道・幹線道路・地下鉄建設への参加 ——————— 186
  17.2　鉱山・水利重点建設プロジェクトへの参加 ————— 188
  17.3　その他の重点建設プロジェクトへの参加 ——————— 190
  17.4　災害救助・救援活動への参加 ——————————— 192

第3編　訳注 ————————————————————————— 194

第4編　人物編

第18章　歴代の中華人民共和国中央軍事委員会主席と国防部部長 —— 200
  18.1　歴代中央軍事委員会主席 ————————————— 200
  18.2　歴代国防部部長 ————————————————— 202

第19章　中華人民共和国元帥、大将、開国上将 ———————— 205

19.1	10名の元帥	205
19.2	10名の大将	208
19.3	57名の開国上将	211

第20章　中国人民解放軍軍事家の称号獲得者36名 ———— 224

第4編　訳注 ———— 228

参考文献一覧 ———— 230

訳者あとがき ———— 231

第1編
体制編

- 第1章　国防体制
- 第2章　武装力の構造
- 第3章　国防指導体制および武装力の歴史と沿革
- 第4章　国防関連法

1.1　従来の国防指導体制

　従来の国防指導体制は「中華人民共和国憲法」「中華人民共和国国防法」および関連法の規定に基づき構築され、中国共産党の統一的指導下で、全国人民代表大会〔全人代、国会に相当〕およびその常務委員会、国家主席、国務院、中央軍事委員会など、国防政策の最高意思決定機構が国防指導権を行使する。

●中国共産党中央委員会の国防指導権

　中国共産党は執政党として、中国の社会主義事業を指導する中核的な力である。党中央委員会は国防業務と軍隊建設の最高指導権と指揮権を有する。

●全国人民代表大会およびその常務委員会の国防指導権

　戦争と平和に関する問題の決定。国防に関する基本法規の制定。中央軍事委員会主席を選出し、中央軍事委員会主席の指名に基づいて同委員会の他の構成員を決定し、かつ、上記人員を罷免する権限を有する。憲法で定める国防上のその他の職権を行使する。

●国家主席の国防指導権

　全国人民代表大会およびその常務委員会の決定に基づき、戦争状態を宣言し、動員令を発令する。また、憲法で定める国防上のその他の職権を行使する。

●国務院の国防指導権

　国防体制整備事業を指導し管理する。主に国防部および国務院に関係する議事調整機構[注1]などによって実施する。国務院関係議事調整機構には国家国防動員委員会、国家辺海防〔陸上および海上国境の警備・防衛〕委員会、国務院・中央軍委空中〔航空〕交通管制委員会、全国擁軍優属・擁政愛民工作指導小組[注2]、国務院軍隊転業幹部安置工作小組[注3]がある。

●中央軍事委員会の国防指導権

　中国共産党中央軍事委員会と中華人民共和国中央軍事委員会は同一機構に対する2つの名称であり、その構成員と軍に対する指導的職能は完全に一致する。その職能は主に、全国の武装力の指導と統一的指揮である。中央軍事委員会（略称、中央軍委）は、主席および若干名の副主席と委員で構成され、主席責任制を実施する。中央軍委主席は全国の武装力を統率する。中央軍委の下部に総参謀部・総政治部・総後勤〔後方勤務〕部・総装備部などの執行機関を設ける。

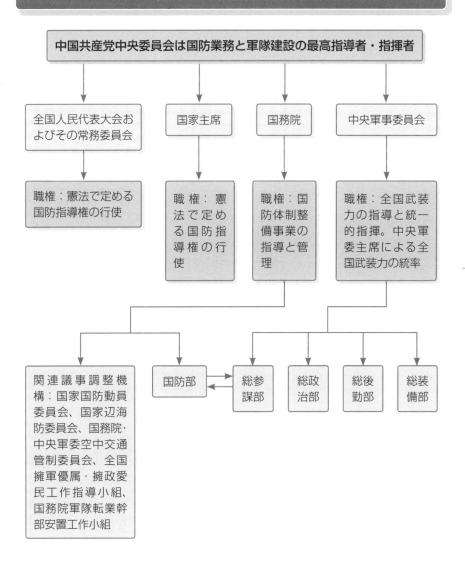

1.2 武装力体制

中華人民共和国は中国人民解放軍・中国人民武装警察部隊・民兵で構成される「三結合」の武装力体制を実行する。中央軍事委員会は全国の武装力を指導し、統一的に指揮し、その下部に総参謀部・総政治部・総後勤部・総装備部を設けて執行機関とする。さらに中央軍事委員会の指導下で、各軍種の組織化、軍事訓練、戦備・作戦を担う、海軍・空軍・第二砲兵〔戦略ミサイル部隊〕指揮機関も設置する。このほか、中央軍事委員会に直属するものとして、軍事科学院と国防大学などの研究機関、および各大戦略区内に駐留する陸・海・空軍部隊と民兵の指揮を担う大軍区指導機関がある。

中国人民解放軍は中華人民共和国武装力の主要構成要素であり、侵略に抵抗し、祖国を防衛し、国家の主権と安全を維持する主力である。人民解放軍は現役部隊と予備役部隊を含む。現役部隊は陸軍・海軍・空軍・第二砲兵で構成され、全国に複数の大軍区を設立する。予備役部隊は国の平時において編成され、戦時には迅速に現役部隊の武装組織に編成替えできる。同部隊は予備役人員を基礎とし、現役軍人を中核として構成され、通常は陸軍・海軍・空軍・兵種予備役部隊に分かれ、平時は省軍区（衛戍区、警備区）^{注4}の編成指導下にあり、戦時には動員されて指定の現役部隊指揮下に帰属、または単独で戦闘任務を遂行する。

中国人民武装警察部隊（略称、武警部隊）は中華人民共和国武装力のうち国の安全と社会の安定を維持する任務を担う武装組織である。武警部隊は国務院の編成に属し、国務院と中央軍事委員会の二重指導を受け、統一的な指導・管理と級別指揮を結合させた体制を敷く。

民兵は中国共産党が指導する、生産から離脱しない大衆武装組織であり、中華人民共和国武装力の構成要素であり、中国人民解放軍の助手および予備兵力である。全国の民兵活動は国務院と中央軍事委員会の指導下にあり、総参謀部が主管し、各大軍区・省軍区・軍分区・県（市）の人民武装部が当該区域および地区の民兵活動の責任を担う。

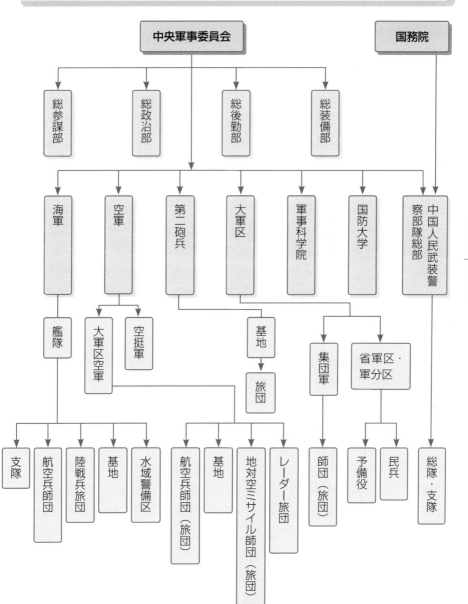

1.3 国防動員体制

　国家国防動員委員会：1994年11月設立。国務院および中央軍事委員会に隷属し、中華人民共和国が主管する全国国防動員業務の議事調整機構である。国防動員委員会の主任は国務院総理が兼任し、副主任は国務院と中央軍事委員会の指導者が兼任し、委員は党と国の関連部門・委員会と人民解放軍各総部の指導者およびそれぞれの弁公室の指導者が務める。すなわち、人民解放軍総参謀部・総政治部・総後勤部・総装備部、中国共産党中央組織部・中央宣伝部、国家発展改革委員会、教育部、公安部、民政部、司法部、財政部、住宅・都市農村建設部、交通運輸部、工業情報化部、国土資源部、人力資源と社会保障部、商務部、文化部、衛生部、国家新聞出版広電〔ラジオ・テレビ〕総局、および中華全国総工会、中国共産主義青年団中央委員会、中華全国婦女連合会など。国家国防動員委員会の主な任務は、積極防御という軍事戦略方針の貫徹、国の国防動員業務の組織と実施であり、また国防動員業務における経済と軍事、軍と政府、人力と物力の関係の調整により国防力を強化し、平時から戦時への転換能力を向上させることである。同委員会の下に次の6つの弁公室を設置する。国家人民武装動員弁公室・国家経済動員弁公室・国家人民防空弁公室・国家交通戦備弁公室・総合弁公室・国防教育弁公室。

　各地方の国防動員委員会：大軍区および省（自治区、直轄市）・市（地区）・県（市、区）の人民政府がいずれも対応する国防動員委員会を設立し、当該地域の国防動員業務を主管する。管下に人民武装動員弁公室・経済動員弁公室・人民防空弁公室・交通戦備弁公室・国防教育弁公室を設置し、人員構成は以下のとおりである。大軍区国防動員委員会の主任は軍区司令員、副主任は大軍区の関連業務部門指導者と大軍区内省級国防動員委員会の主要指導者が務める。省（自治区、直轄市）国防動員委員会の第一主任は省（自治区、直轄市）党委員会書記、主任は政府主指導者、副主任は省軍区（衛戍区、警備区）主要指導者と政府副指導者などが務める。市（地区）国防動員委員会の第一主任は市（地区）党委員会書記、主任は政府主指導者、副主任は軍分区司令員と政府副指導者などが務める。県（市、区）国防動員委員会の第一主任は県（市、区）党委員会書記、主任は政府主要指導者、副主任は人民武装部主要指導者と政府副指導者などが務める。

国家国防動員委員会

1994年11月設立、国務院および中央軍事委員会の指導下にあり、国が主管する全国国防動員活動の議事調整機構。

主任は国務院総理が兼任、副主任は国務院と中央軍事委員会の指導者が兼任、委員は党と国の関連部門・委員会と人民解放軍各総部の指導者およびそれぞれの弁公室の指導者が担当。

管下に次の6つの弁公室を設置。
国家人民武装動員弁公室
国家経済動員弁公室
国家人民防空弁公室
国家交通戦備弁公室
総合弁公室
国防教育弁公室

各地方の国防動員委員会

各大軍区および省（自治区、直轄市）・市（地区）・県（市、区）の人民政府がいずれも対応する国防動員委員会を設立し、当該地域の国防動員業務を主管する。

管下に次の弁公室を設置。
人民武装動員弁公室
経済動員弁公室
人民防空弁公室
交通戦備弁公室
国防教育弁公室

2.1 中国人民解放軍

　中国人民解放軍は 1927 年 8 月 1 日に創建された、中国共産党が創設し指導する人民軍であり、中国の武装力の主体である。中国人民解放軍は現役部隊と予備役部隊で構成される。現役部隊は国の常備軍であり、陸軍・海軍・空軍の 3 軍種と中央軍事委員会に隷属する第二砲兵の独立兵種などによる 4 大軍種・兵種で構成される。各軍種・兵種はいずれも戦闘担当兵種・戦闘保障〔兵站担当〕兵種・専門部隊を有し、かつ、各級指導機関・後方支援体制・大学などでの養成訓練体系が設けられている。中国人民解放軍は主に防衛作戦任務を担い、必要に応じて法律の規定に基づき社会秩序の維持に協力することができる。中央軍事委員会は総参謀部・総政治部・総後勤部・総装備部を通じて全軍に対し作戦指揮と整備指導を行う。

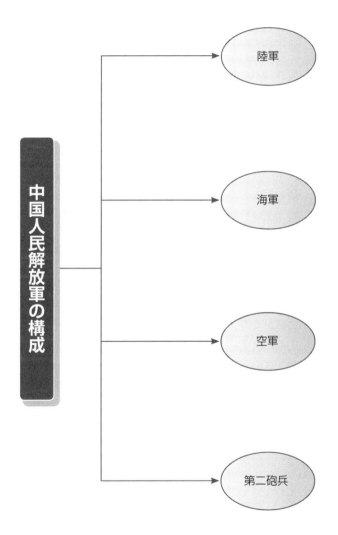

2.2　総部機関

　総参謀部：中央軍事委員会の軍事業務執行機関。全国の武装力の軍事活動指導機関であり、全国の武装力の軍事的整備を組織し指導し、かつ、軍事行動を組織し指揮する。弁公庁・作戦部・情報部・情報化部・戦略計画部・軍事訓練部・軍務部・動員部・電子対抗〔電子戦〕部・陸軍航空兵部・政治部・外事弁公室・管理保障部などが設置されている。主な職責は、軍事的整備と軍事闘争の重要課題に関する提言、戦略指揮の組織と実施、軍事活動計画と法規の立案、戦略業務・軍事訓練・動員業務の組織と指導などである。

　総政治部：中央軍事委員会の政治業務執行機関。全軍の政治活動指導機関であり、全軍の党活動を管理し、政治活動を組織し実施する。弁公庁・組織部・幹部部・宣伝部・保衛〔保安〕部・規律検査部・連絡部・直属工作部・大衆工作弁公室などが設置され、軍事裁判所、軍事検察院、宣伝・文化・スポーツなどの部門および大学等高等教育機関を管下に置く。主な職責は、軍における党の路線・方針・政策および国の憲法や法律の徹底的な執行の保証、政治活動の方針・政策の制定、政治活動法規の立案、全軍の政治活動の配置・検査・指導などである。

　総後勤部：中央軍事委員会の後方業務執行機関。全軍の後方業務指導機関であり、全軍の後方勤務整備および後方支援業務を組織し指導する。司令部、政治部、および財務、軍需、物資・燃料油、衛生、軍事交通輸送、基本建設・兵営建物などの部門が設置され、人民解放軍審計署〔会計検査機関〕を代理管理し、後方勤務部隊と分隊を管下に置く。主な職責は、全軍の後方勤務整備計画と法規の立案、後方兵力の配置、後方要員動員の組織化、後方支援の実施、軍費の申請・分配・予算・決算の主管、物資の調達保障などである。

　総装備部：中央軍事委員会の装備業務執行機関。全軍の装備業務指導機関であり、全軍の装備業務を担う。司令部、政治部、総合計画部、軍種・兵種装備部、陸軍装備科学研究・調達部、汎用装備保障部、電子情報基礎部、後勤部、会計検査局などが設置され、若干の装備保障部（分）隊・科学研究院（所）・大学等高等教育機関・装備試験基地などを管下に置く。主な職責は、装備発展戦略・計画・政策・法規の立案、装備の科学研究・試験・調達・作戦行動支援・保守整備・保障業務の組織化、全軍の装備整備経費の主管などである。

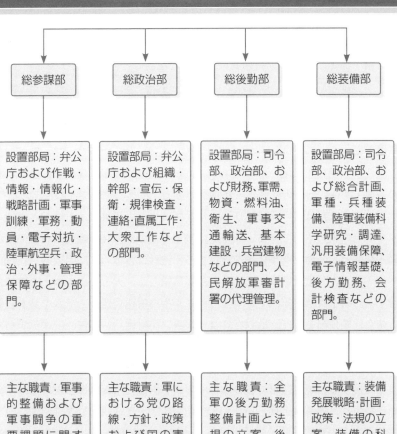

第2章 武装力の構造

2.3 陸　軍

　中国人民解放軍陸軍は歩兵・装甲兵・砲兵・防空兵・陸軍航空兵・工兵・通信兵・化学防護兵・電子対抗兵などと専門部（分）隊で構成され、機動作戦部隊、国境警備・海上防衛部隊、警衛警備部隊などを含む。陸軍機動作戦部隊は18の集団軍と一部の独立諸兵科連合師（旅）団を含み、85万人[注1]を擁する。集団軍は師団と旅団で編成され、それぞれ瀋陽・北京・蘭州・済南・南京・広州・成都の7大軍区に隷属する〔p.14 ※訳者注参照〕。

　国境警備・海上防衛部隊と警衛警備部隊は一定の行政区域内（省級・地級・県級）で作戦任務を執行する地方部隊であり、大軍区または省軍区に隷属。主に当該地区の警備・防衛、地方の社会治安維持への協力、民兵の訓練などの任務を担う。

　歩兵は徒歩または装甲兵員輸送車や歩兵戦闘車への搭乗による機動と作戦を実施する地上作戦の主力である。装甲兵は戦車やその他の装甲戦闘車両、保障車両を基本装備とし、地上突撃任務を遂行する。砲兵は各種の制圧用大砲・対戦車砲・対戦車ミサイル・戦役戦術ミサイルを基本装備とし、火力による地上突撃任務を遂行する。防空兵は陸軍内で地対空ミサイルや高射砲兵器システムを基本装備とし、防空作戦任務を遂行、地対空ミサイル兵、高射砲兵、両者の混成部隊・分隊、レーダー兵部隊・分隊で構成される。陸軍航空兵は攻撃ヘリコプター・輸送ヘリコプター・その他の専用ヘリコプター・軽固定翼機を装備し、空中機動により地上戦を支援する、現代陸軍の重要な構成要素である。工兵は軍事工事保障任務を専門に担当し、通常は工兵・舟橋〔浮き橋の架設〕・建築・偽装・野戦用給水工事・保守整備などの専門部隊で構成される。通信兵は軍事通信任務を専門に担当し、通常は通信・通信工事・通信技術保障・無線通信対抗〔無線傍受・保全〕・航空兵航路誘導・軍事郵便などの専門部隊・分隊で構成される。化学防護兵は化学防護保障任務を専門に担当し、通常は核爆発観測・化学汚染拡散状況偵察・除染・噴火・発煙などの部隊・分隊で構成される。電子対抗兵は電子対抗偵察と電子妨害を専門に行い、作戦対象により通信対抗部隊と電子妨害部隊に分かれる。

　陸軍には独立した指導機関がなく、総参謀部が指導職能を行使する。集団軍から連隊までの各指導機関には通常、司令部・政治部（処）・後勤部（処）・装備部（処）を設置。陸軍集団軍は戦略区域内の大軍区に帰属し統括される。

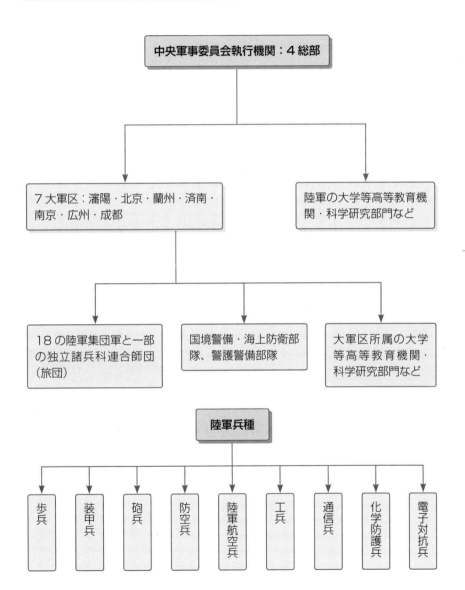

第2章 武装力の構造

2.4 大軍区

　中国人民解放軍の軍区は大軍区や戦区とも呼ばれ、国の行政区画・地理的位置・戦略と戦役の方針・作戦任務などに基づき設置された、中央軍事委員会および総部と部隊との間にある軍事組織であり、中央軍事委員会の直接指導下で所属部隊と部門の軍事・政治・後方勤務・装備業務を担う指導機構である。主に戦区の部隊の戦備・作戦・予備兵力整備の計画を策定し、戦地での施設建設を行い、戦区内の各軍種・兵種の合同作戦を組織・指揮し、後方支援の連携と協力などを行う。

　人民解放軍には瀋陽・北京・蘭州・済南・南京・広州・成都の7大軍区が設けられている※。各軍区は以下の集団軍を管下に置く。瀋陽軍区：第16・第39・第40集団軍、北京軍区：第27・第38・第65集団軍、蘭州軍区：第21・第47集団軍、済南軍区：第20・第26・第54集団軍、南京軍区：第1・第12・第31集団軍、広州軍区：第41・第42集団軍、成都軍区：第13・第14集団軍。

　大軍区指導機関には司令部・政治部・連合後勤部[注2]・装備部が設置されている。大軍区は戦闘部隊・後勤保障部隊・省軍区（衛戍区、警備区）・軍事大学等高等教育機関を管下に置き、かつ、管内所属の軍区空軍と海軍艦隊に対し作戦指揮権を有する。

　省軍区（衛戍区、警備区）と軍分区は軍系統に隷属し、所在する大軍区に帰属し指導を受ける。また、所在する省（自治区、直轄市）・地区の党委員会の軍事業務部門と政府の兵役機関でもある。

※訳者注：「7大軍区」は2016年2月1日より東部・南部・西部・北部・中部の「5大戦区」に再編された。

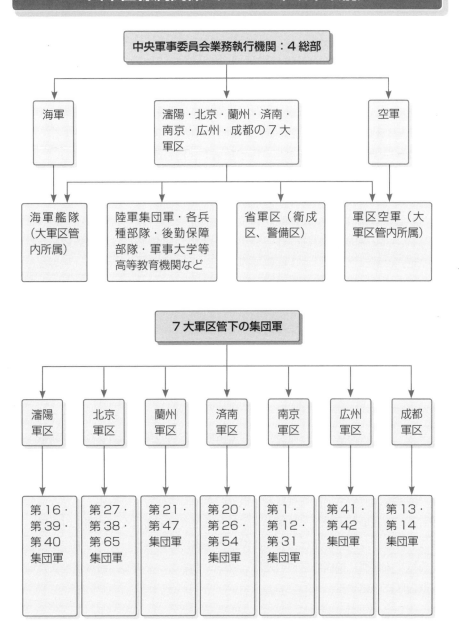

2.5 海　軍

　中国人民解放軍海軍は1949年4月23日設立。水上艦艇部隊・潜水艦部隊・航空兵・陸戦隊・海岸防衛部隊などの兵種で構成され、中央軍事委員会に隷属する。単独または陸・空軍と共同で海上からの敵の侵入を防ぎ、領海の主権を保全し、海洋権益を擁護することを主な任務とする。海軍は23万5000人[注1]を擁し、指導機関には、司令部・政治部・後勤部・装備部が設けられ、北海・東海・南海の3艦隊、および海軍の大学等高等教育機関・科学研究機構などを管轄する。

　艦隊は海洋戦域作戦任務を担う海軍組織で、作戦部隊編成の主要形式である。海軍と所属先大軍区の二重指導を受け、艦隊航空兵・基地・支隊・水域警備区・航空兵師団・陸戦兵旅団などの部隊を管下に置く。2012年9月25日に人民解放軍初の航空母艦「遼寧」（艦番号16）が正式に就役。「遼寧」の編成等級は正師級[注3]であり、編成定員は1000人余り。2013年5月10日には初の艦載航空兵部隊が正式に創設された。水上艦艇部隊は水上で作戦任務を遂行する。戦闘艦艇部隊と勤務艦船部隊を含み、対艦艇・対潜水艦・防空・水雷戦・対海岸攻撃などの海上戦闘能力を備える。その編成序列は支隊（師団）・大隊（連隊）・中隊（大隊）などである[注4]。航空母艦は主要武器である艦載機の海上活動基地となる大型水上戦闘艦である。潜水艦部隊は水中で作戦任務を遂行する。その動力によって、通常動力型潜水艦部隊と原子力潜水艦部隊に分かれ、兵器・装備によって、魚雷潜水艦部隊・ミサイル潜水艦部隊・戦略ミサイル潜水艦部隊に分かれる。航空兵は主に海洋上空で作戦任務を遂行する。通常は爆撃航空兵・戦闘爆撃航空兵・戦闘航空兵・攻撃航空兵・偵察航空兵・対潜哨戒航空兵の各部隊および早期警戒・電子対抗・輸送・救護などの保障任務執行部隊で構成される。海軍航空兵の指導指揮機関は艦隊に設置され、航空兵部隊の編成序列は師団・連隊・大隊・中隊である。陸戦隊は渡海・上陸作戦任務を担う。水陸両用作戦を実施する迅速な襲撃力であり、陸戦歩兵・砲兵・装甲兵・工兵および偵察・通信などの部隊（分隊）で構成される。海岸防衛兵は重要な沿岸部や島嶼（とうしょ）に配置され、火力で海岸防衛任務を遂行する兵種。編成に単独の連隊・大隊・中隊などを有し、海軍基地または水域警備区に所属する。

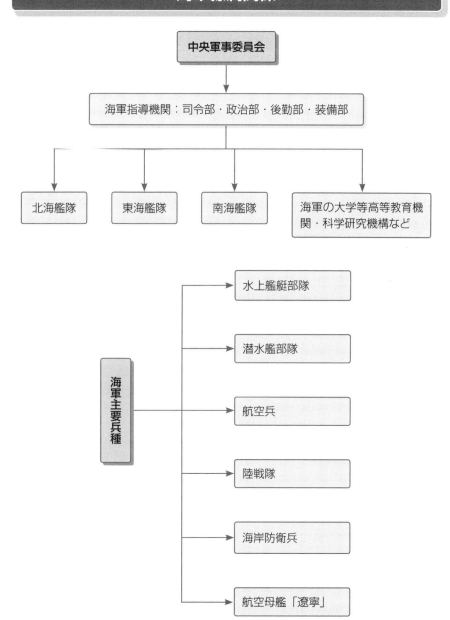

2.6 空 軍

　中国人民解放軍空軍は 1949 年 11 月 11 日設立。航空兵・地上防空兵・レーダー兵・空挺兵・電子対抗兵などの兵種で構成され、中央軍事委員会に隷属する。空軍は空中作戦の主力であり、国の領空の安全を守り、全国の防空の安定を維持する任務を担っており、単独で空中進撃作戦または他軍種と連携して合同作戦を組織する。空軍は 39 万 8000 人[注1]を擁し、その指導機関に司令部・政治部・後勤部・装備部が設けられ、瀋陽・北京・蘭州・済南・南京・広州・成都の 7 大軍区空軍と 1 空挺兵軍、および空軍の大学等高等教育機関・科学研究機構などを管下に置く。大軍区空軍は空軍の戦役軍団であり、主に当該戦区の防空作戦、空中進撃作戦、陸・海軍との合同作戦などの任務を担い、空軍と所属先大軍区の二重指導を受ける。大軍区空軍には司令部・政治部・後勤部・装備部などの指導機関が設けられ、基地・航空兵師団（旅団）・地対空ミサイル師団（旅団、連隊）・レーダー旅団などを管下に置く。

　航空兵は空軍の編成のうち軍用機とヘリコプターを装備し、主に空中作戦・保障などの任務を遂行する兵種であり、空軍の主要構成要素および作戦上の戦力である。戦闘航空兵・爆撃航空兵・攻撃航空兵・偵察航空兵・輸送航空兵などを含む。高速機動力・遠距離作戦力・強力な突撃力を備え、単独または他兵種と共同で作戦任務を遂行でき、師団・連隊・大隊・中隊の序列で編成される。

　地上防空兵は地対空ミサイル兵と高射砲兵を含む。地上防空兵は通常、航空兵・電子対抗部隊などと合同で作戦任務を遂行し、また、単独で防空作戦を実施することもできる。

　レーダー兵は対空捜索レーダーを基本装備とし、主に対空目標の探知計測と空中情報の報知任務を遂行する空軍兵種であり、通常は旅団（または連隊）・大隊・中隊で編成される。

　空挺兵は航空機を輸送手段とし、落下傘降下と直接降下方式で地上作戦に投入される空軍兵種および部隊である。空中での迅速な機動力を備え、正面部隊の作戦に協力する突撃力である。

　電子対抗兵は電子対抗偵察と電子妨害を行う専門兵種であり、作戦対象により通信対抗部隊と電子妨害部隊に分けられる。

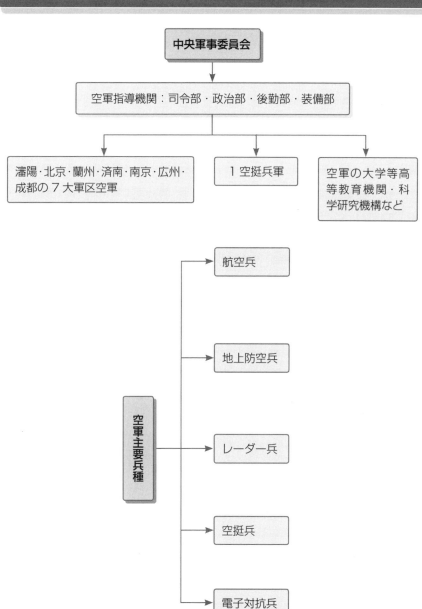

2.7 第二砲兵

　第二砲兵は中国の戦略的抑止の核心的な力であり、中国人民解放軍地上発射戦略ミサイル部隊の別称である。地上発射型戦略核ミサイルと通常弾頭ミサイルを基本装備とし、主に中国に対する他国の核兵器使用を抑止し、核による反撃と通常弾頭ミサイルによる精密攻撃を遂行する任務を担い、軍種の権限を行使する。核ミサイル部隊・通常ミサイル部隊・各種支援部隊などで構成され、他軍種との合同作戦、単独作戦がいずれも可能である。第二砲兵は1966年7月1日に創設された。基本任務は単独または他軍種と共同で敵の重要な戦略目標を攻撃することであり、一定の規模と実戦力を備えた主要な核抑止力および戦略的核反撃力である。第二砲兵の指導機関には司令部・政治部・後勤部・装備部が設けられ、基地・訓練基地・専門支援部隊・大学等高等教育機関・科学研究機構などを管下に置く。弾道ミサイル「東風」シリーズと巡航ミサイル「長剣」を配備している。

　地対地戦略ミサイル部隊は、地対地戦略ミサイル兵器システムを装備し、戦略的核反撃任務を遂行し、中距離・長距離・大陸間弾道ミサイル部隊、工程〔工兵〕部隊、作戦保障・装備技術保障・後勤保障の各部隊で構成される。その編成序列は基地（軍）・旅団・大隊・中隊などである。

　地対地通常戦役戦術ミサイル部隊は通常戦役戦術ミサイル兵器システムを装備し、通常弾頭ミサイルによる突撃任務を遂行する。近距離・中距離通常弾頭ミサイル部隊、工程部隊、作戦保障・装備技術保障・後勤保障の各部隊で構成される。戦場作戦を直接支援するか、または単独作戦に投入され、敵側の戦役戦術の懐である指揮機構・軍事基地・ミサイル発射基地・交通の要衝・その他重要目標を攻撃するために用いられる。その編成序列は旅団・大隊・中隊・小隊の4階層となっている。

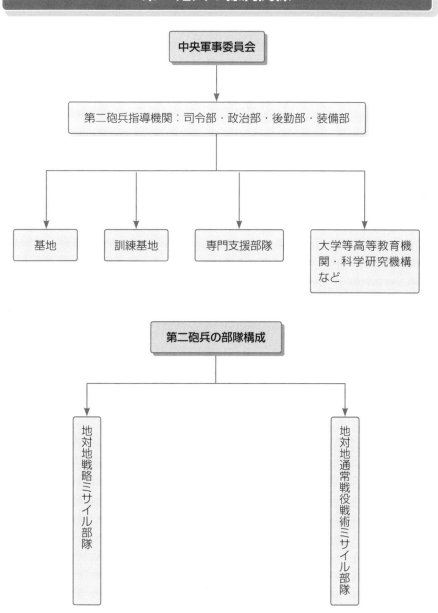

2.8　軍事科学院と国防大学

　中国人民解放軍軍事科学院は中央軍事委員会の直接指導下にある最高軍事科学研究機構、全軍の軍事科学研究センターであり、全軍の軍事科学研究業務の計画・調整機関であり、軍事理論による国防と軍隊の整備を指導する中央軍事委員会と総部の助手である。1958年3月15日に北京で設立され、その編成は正大軍区級[注5]であり、中央軍事委員会に隷属する。軍事科学院の行政指導機構は科学研究指導部・政治部・院務部で構成され、学術研究部門は軍事戦略研究部、作戦理論・条例研究部、軍隊建設研究部、軍事史・百科研究部、外国軍事研究部、軍事政治工作研究センターで構成される。その基本任務は、軍事基礎理論と国防体制整備、軍整備上の重要問題の研究、軍の条令や条例[注6]とその他の軍事関連法規の編纂であり、中央軍事委員会と総部の意思決定に戦略的提言と答申を行う。

　中国人民解放軍国防大学は、中央軍事委員会指導下の軍事系最高学府であり、人民解放軍士官初級・中級・高級の3等級の大学レベル養成体制の最高峰である。国防大学の前身は1927年11月に毛沢東が井岡山で創設した紅軍教導隊であり、革命戦争時代の中国工農紅軍大学・抗日軍政大学、新中国成立後の南京軍事学院・軍政大学などの変遷をたどり、1985年12月14日に軍事学院・政治学院・後勤学院を統合して国防大学が設立された。編成は正大軍区級であり、中央軍事委員会に隷属する。基本任務は、陸・海・空軍、第二砲兵、武警部隊以上の軍事・政治・後方勤務・装備の各指揮士官、大軍区以上の機関の高級参謀、省級以上の政府関係部門の指導幹部、軍隊の高級理論研究者の養成であり、また、戦略と国防建設に関する問題について中央軍事委員会と総部に答申を行う。国防大学の行政指導機構は訓練部・政治部・校務部・科学研究部で構成され、教育研究機構は、戦略教研部、戦役教研部、マルクス主義教研部、情報作戦・指揮訓練教研部、軍隊建設・軍隊政治工作教研部、軍事後勤・軍事科学技術装備教研部の6つの教育研究部で構成される。学生管理機構は国防安全学院、合同指揮・参謀学院、進修〔研修〕学院、研究生院、防務〔国防事務〕学院の5つの学院で構成される。

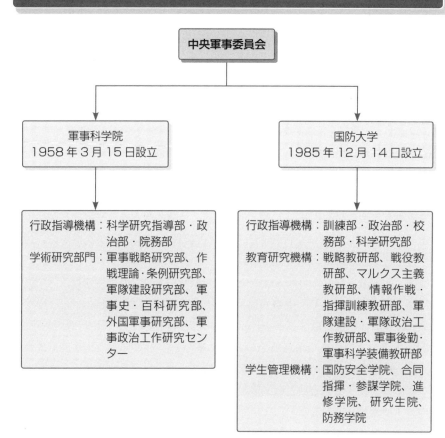

2.9　駐香港部隊と駐マカオ部隊

　中国人民解放軍駐香港部隊は中央政府の派遣により香港特別行政区に駐留し防衛を担う軍隊であり、中華人民共和国中央軍事委員会に隷属する。「中華人民共和国香港特別行政区基本法」と「中華人民共和国香港特別行政区駐軍法」の関連規定および中央軍事委員会の命令に基づき、1994年10月25日に設立。管下に深圳基地・歩兵旅団・艦艇大隊・航空兵団などの部隊を置き、指導機関には司令部・政治部・後勤部・装備部を設置。初代の司令員と政治委員は劉鎮武と熊自仁。部隊の主な職責は侵略を防ぎ、これに抵抗し、香港特別行政区の安全を守ること、防衛任務を果たすこと、軍事施設を管理すること、対外的な軍事関連事項に当たること、必要に応じて香港特別行政区政府の要請により、中央政府の許可を経て、中央軍事委員会の命令に基づき部隊を派遣し、社会の治安維持や災害救助に協力することである。隊員は交代制であり、駐留経費は中央政府が負担する。1997年7月1日午前0時に、駐香港部隊は香港に進駐し、防衛職務の執行を開始した。

　中国人民解放軍駐マカオ部隊は中央政府の派遣によりマカオ特別行政区に駐留し防衛を担う軍隊であり、中華人民共和国中央軍事委員会に隷属する。「中華人民共和国マカオ特別行政区基本法」と「中華人民共和国マカオ特別行政区駐軍法」の関連規定および中央軍事委員会の命令に基づき、1999年11月10日に珠海市で設立。指導機関には司令部・政治部・後勤部・弁公室が設置され、珠海基地を管下に置く。初代の司令員と政治委員は劉粤軍と賀賢書。部隊は自動車化歩兵・装甲兵・偵察兵・通信兵などの兵種で編成され、指揮機関には少数の海・空軍士官を含み、陸軍を主力とした高度な複合型部隊である。主な職責は侵略を防ぎ、これに抵抗し、マカオ特別行政区を守ること、防衛任務を果たすこと、軍事設備を管理すること、対外的な軍事関連事項に当たること、必要に応じてマカオ特別行政区政府の要請により、中央政府の許可を経て、中央軍事委員会の命令に基づき部隊を派遣し、社会の治安維持や災害救助に協力することである。隊員は交代制であり、駐留経費は中央政府が負担する。1999年12月20日午前0時に駐マカオ部隊は珠海市の拱北国境ゲートよりマカオに進駐し、防衛職務の執行を開始した。

中国人民解放軍駐香港部隊および駐マカオ部隊の隷属関係

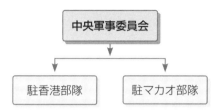

中国人民解放軍駐香港部隊および駐マカオ部隊の構成と職責

駐香港部隊
1994年10月25日設立
1997年7月1日香港に進駐、防衛職務の執行開始。

↓

深圳基地・歩兵旅団・艦艇大隊・航空兵団などの部隊を管轄。指導機関には司令部・政治部・後勤部・装備部を設置。

↓

職責：侵略に対する防備と抵抗、香港特別行政区の安全防衛、防衛任務の担当、軍事設備の管理、対外的な軍事関連事項の担当。また、必要に応じて香港政府の要請により、中央政府の許可を経て、中央軍事委員会の命令に基づき部隊を派遣し、社会の治安維持や災害救助に協力。

駐マカオ部隊
1999年11月10日珠海市で設立
1999年12月20日マカオに進駐、防衛職務の執行開始。

↓

珠海基地を管轄。部隊は自動車化歩兵・装甲兵・偵察兵・通信兵などの兵種で編成され、指揮機関は少数の海・空軍士官を含む。指導機関には司令部・政治部・後勤部・弁公室を設置。

↓

職責：侵略に対する防備と抵抗、マカオ特別行政区の安全防衛、防衛任務の担当、軍事設備の管理、対外的な軍事関連事項の担当。また、必要に応じてマカオ政府の要請により、中央政府の許可を経て、中央軍事委員会の命令に基づき部隊を派遣し、社会の治安維持や災害救助に協力。

2.10 中国人民武装警察部隊

　中国人民武装警察部隊〔以下、武警〕は1982年6月19日に創設された、国の武装力のうち国内の安全防衛任務を担う武装組織であり、平時は主に警備活動、突発事件の処理、テロ対策、国の経済建設への参加と支援などの任務を担い、戦時には人民解放軍に協力して防衛作戦を行う。武警は内衛〔国内警備〕部隊と警種部隊で構成され、内衛部隊は省（自治区、直轄市）の総隊と機動師団を含み、警種部隊は金鉱〔探査・採掘〕、森林〔保護・防火〕、水電〔水利施設・水力発電所建設〕、交通〔交通インフラ建設〕の各部隊を含み、公安辺防〔国境警備〕・消防・警衛の各部隊は武警の序列に入る。武警は国務院の編成に属し、国務院と中央軍事委員会の二重指導を受け、国家の主権と尊厳の擁護、社会の治安維持、党・政府指導機関および重要警備目標物と人民の生命財産の保安を任務とする。武警には総部・総隊（師団）・支隊（連隊）の3ランクの指導機関が設けられ、各機関に司令部・政治部・後勤部を置く。武警総部は、内衛部隊の軍事・政治・後勤業務を指導・管理し、また、武警の序列に入るその他の部隊の軍事・政治・後勤業務を指導する。管下に若干の師団と大学等高等教育機関などを置く。各省・自治区・直轄市には武警総隊が設置され、その管下に初級指揮学校〔幹部候補生養成学校〕と若干の支隊を置く。地級市には武警支隊が設置され、大隊・中隊を管下に置く。県級市には中隊が設置される。

　武警は以下の3要素で構成される。(1) 内衛部隊は武警の主要な構成要素であり、武警総部の直接指導・管理を受ける。固定目標物に対する警備と都市の武装パトロール任務を担い、国の重要目標物の安全を保障し、各種突発事件に対処し、国の安全と社会の安定を守り、国の経済建設支援と災害時の救助救援任務を遂行する。各級の武警内衛部隊は現地政府と上級武警指導機関の指導を受ける。(2) 公安辺防・消防・警衛の各部隊は武警の序列に入り、公安部門が管理し、武警総部の指導を受ける。主に国境検査、出入国管理、一部地域の国境線パトロール、海上境界線での密輸取締り、防火・消火、警備・警護などの任務を担う。(3) 金鉱・森林・水電・交通の各部隊は武警の序列に入り、国務院の関係業務部門と武警総部の二重指導を受ける。国の経済建設を支援し、国の安全と社会の安定を守る任務を担う。

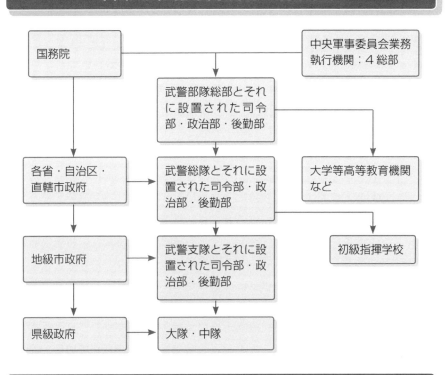

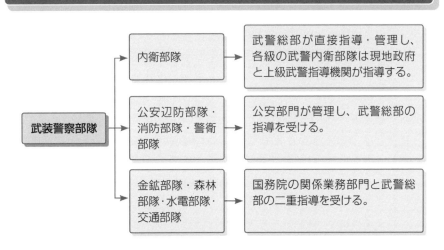

2.11　予備役部隊と民兵

　予備役部隊は国の平時において編成され、現役軍人を中核とし、予備役人員を基礎として、戦時には迅速に現役部隊に編成替えできる武装組織である。中国人民解放軍予備役部隊は1983年3月に編成された。軍種と兵種に分かれ、中国人民解放軍の条令と条例を執行する。編成序列は予備役師団・旅団・連隊であり、軍旗と番号を持つ。その隷属関係は二重指導を受ける。第一に、省軍区（衛戍区、警備区）の編成指導下に帰属し、予備役師団と一部の予備役旅団、連隊の軍事・政治長官がそれぞれ省軍区と軍分区の対応する職務を兼任する。第二に、同ランクの中国共産党地方委員会と人民政府の指導を受け、予備役師団・旅団・連隊の第一政治委員は一般的に地方の党委員会または政府の中の1名が武装活動の指導を担当し兼任する。予備役部隊の主な任務は、部隊の軍事的資質と政治的資質を高め、ハイテク条件下での迅速な動員と全体的戦闘能力を強化し、将来の戦争に予測される必要性に基づき戦時動員の各種準備活動をしっかり行い、現役部隊への移行に随時備え、現役部隊に協力して各種作戦任務を遂行し、社会主義現代化建設に参加することである。

　民兵は国が編成する、生産から離脱しない大衆武装組織であり、人民解放軍の助手であり国の予備兵力である。民兵は、社会主義現代化建設に参加し、戦備勤務に当たり、防衛作戦に参加し、社会秩序の維持や災害時の救助・救援などに協力する任務を担う。民兵組織は基幹民兵組織と普通民兵組織に分かれる。基幹民兵組織は応急部隊、連合防空・情報偵察・通信保障・工事修繕・交通運輸・装備補修などの支援部隊、作戦保障・後勤保障・装備保障などの補充部隊で編成される。中国の民兵業務は国務院と中央軍事委員会の統一指導下で、地方の党委員会・政府と軍事系統による二重指導を受ける。全国の民兵業務は総参謀部が主管し、大軍区は上級機関が付与する任務に応じて当該区域の民兵業務を担う。省軍区・軍分区・県（市）の人民武装部は当該地区での民兵指導・指揮機関である。郷・鎮・街道[注7]および一部の企業や事業体には人民武装部が設置され、民兵業務と兵役業務を担う。地方の各級人民政府は民兵業務に対し指導・組織化・監督を担う。民兵は連隊・大隊・中隊・小隊・分隊で編成される。

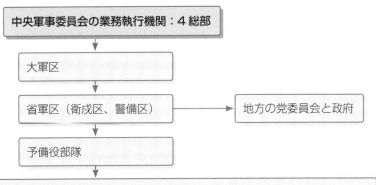

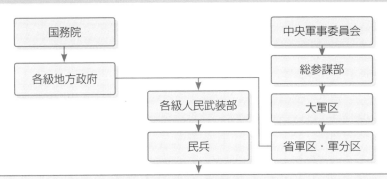

図解　現代中国の軌跡　中国国防

3.1　国防指導体制の歴史と沿革

　中華人民共和国の成立以来、国防指導体制は以下のとおり複数回にわたる調整と改革を経てきた。

　第1回：1949年10月、「中国人民政治協商会議共同綱領」と「中華人民共和国中央人民政府組織法」の規定に基づき、中央人民政府人民革命軍事委員会は国の最高軍事指導機関として、国防体制の整備を統一的に指導し全国の武装力を指揮した。

　第2回：1954年9月、第1期全国人民代表大会で採択された「中華人民共和国憲法」の規定に基づき、国防委員会と国防部が設立され、中華人民共和国主席が全国の武装力を統率し、国防委員会主席を兼任した。これと同時に、中国共産党中央委員会が改めて党の軍事委員会を設立し、軍事業務全体の指導を担った。

　第3回：1975年と1978年に採択された憲法の規定に基づき、中国の武装力は中国共産党中央委員会主席が統率し、国防委員会は廃止された。

　第4回：1982年9月、第5期全国人民代表大会第5回会議で採択された「中華人民共和国憲法」の規定に基づき、中華人民共和国中央軍事委員会が設立され、全国の武装力を指導した。中国共産党中央軍事委員会と国家中央軍事委員会は同一の機構であり、党と国が指導権を高度に集中して統一的に行使する国防指導体制を確立した。

　「中華人民共和国憲法」と「中華人民共和国国防法」の規定に基づき、中華人民共和国の国防指導権は、中国共産党中央委員会、全国人民代表大会およびその常務委員会、国家主席、国務院、中央軍事委員会が行使する。中国共産党中央委員会は国防関係において決定的な指導的役割を発揮する。国防・戦争・軍整備に関する重大な問題は、いずれも中国共産党中央委員会、中央軍事委員会、中央政治局およびその常務委員会が意思決定し、必要な法律上の手続きを経て、党と国の統一的意思決定として徹底して執行される。これが中国の現行の国防指導体制である。

国防指導体制の歴史と沿革

```
1949年10月、中央人民政府人民革命軍事委員会を国の最高軍事指導機関に決定。
                          ↓
1954年9月、国家主席が全国の武装力を統率し、国防委員会主席を兼任。中国共
産党中央軍事委員会が軍事業務全体の指導を担当。
                          ↓
1975年と1978年に採択された憲法の規定に基づき、中国共産党中央委員会主
席が全国の武装力を統率。国防委員会を廃止。
                          ↓
1982年～現在、国家中央軍事委員会が設立され全国の武装力を指導。中国共産党
中央軍事委員会とは同一の機構。国の国防指導権は、中国共産党中央委員会、全国
人民代表大会およびその常務委員会、国家主席、国務院、中央軍事委員会が行使。
中国共産党中央委員会は国防関係において決定的な指導的役割を発揮。
```

3.2 人民解放軍の歴史と沿革

　中国人民解放軍は中国共産党が創設し指導する人民軍であり、中華人民共和国の武装力である。中国人民解放軍は1927年8月1日に誕生した。土地革命戦争[注1]期には中国工農紅軍と呼ばれ、主に歩兵だったが、徐々に少数の騎兵・砲兵・工兵・通信兵の分隊が組織された。抗日戦争〔日中戦争〕期には国民革命軍第八路軍と新編第四軍[注2]に改編された。人民解放戦争〔国共内戦〕期より、中国人民解放軍に改称され、歩兵・騎兵・砲兵・工兵・通信兵のほか、装甲兵・鉄道兵・少数の化学防護兵が加わり、また、組織されたばかりの極めて少数の海軍と空軍部隊も増設された。

　中華人民共和国成立後には、全国の武装力指導機構は絶えず調整と改革を実施してきた。人民解放軍は陸軍を基礎に、海軍や空軍などの軍種および砲兵・装甲兵・工兵・通信兵・化学防護兵・鉄道兵・基本建設工程〔インフラ整備〕兵・陸軍航空兵などの兵種を設置し発展させ、単一軍種から複数の軍種と兵種からなる統合軍に発展した。

　総部機関については以下のとおりである。

　新中国成立後に、人民解放軍総部機関は絶えず調整と改革を実施してきた。新中国成立時は総参謀部・総政治部・総後勤部の3総部体制、1950年9月～58年初頭は総参謀部・訓練総監部・武装力量〔武装兵力〕監察部・総政治部・総幹部部・総後勤部・総財務部・総軍械〔兵器〕部の8総部体制、1958～98年は総参謀部・総政治部・総後勤部の3総部体制、1998年～現在〔2016年1月〕※は総参謀部・総政治部・総後勤部・総装備部の4総部体制である。

※訳者注：2016年1月に4総部制は廃止され、15部門に改編された。

人民解放軍の歴史と沿革

1927年8月1日、中国人民解放軍誕生。

↓

土地革命戦争期：中国工農紅軍と呼ばれる。

↓

抗日戦争期：国民革命軍の第八路軍および新編第四軍に改編。

↓

人民解放戦争期：中国人民解放軍に改称。

↓

新中国成立時：総参謀部・総政治部・総後勤部の3総部体制。

↓

1950年9月～1958年初：総参謀部・訓練総監部・武装力量監察部・総政治部・総幹部部・総後勤部・総財務部・総軍械〔兵器〕部の8総部体制。

↓

1958年～1998年：総参謀部・総政治部・総後勤部の3総部体制。

↓

1998年～現在〔2016年1月〕※：総参謀部・総政治部・総後勤部・総装備部の4総部体制。

3.3 中央軍事委員会の歴史と沿革

「中央軍委」とは中国共産党中央軍事委員会と中華人民共和国中央軍事委員会の略称である。中国の最高軍事指揮・意思決定機関であり、全国の武装力を指導する。1925年9～10月、中国共産党中央軍事運動委員会設立。同年12月に党中央軍事部に改称、1927年に軍事科に改称。1928年6～7月の第6回党大会で中央軍事部の再設置と各地軍事委員会設立を決定、同年10月、中央政治局常務委員会の下に中央軍事部成立、管下に軍事委員会と参謀・組織・兵士・特務・交通の5科を設置。1930年2月に党中央は、中央軍事部と軍事委員会を合併して中央軍委を組織、中央政治局の直接指導下に置くことを決定。1931年1月15日、中央ソビエト区注3に中央革命軍事委員会成立。同年11月、瑞金に中華ソビエト共和国臨時政府が成立し、政権系統に正式に隷属する初の国家中央革命軍事委員会（略称、中革軍委）を組織したが、政治上は党中央と中央局の指導下にあった。1933年1月に中共臨時中央政治局が中央ソビエト区に移転し、中央軍委を中革軍委に統一。遵義会議注4後は毛沢東・周恩来・王稼祥が三人軍事小組を構成し、長征注5中の軍事最高意思決定機構となる。1937年8月、陝西省北部洛川で開催された党中央政治局拡大会議で中国共産党中央革命軍事委員会成立を決定。中央軍委は再び党中央の隷属下に変更、人民解放戦争中は概ね変更なし。1949年10月1日、中央人民政府人民革命軍事委員会成立。1954年9月20日、「中華人民共和国憲法」に基づき国家国防委員会を設立し、前記人民革命軍委を廃止、28日に党中央軍事委員会成立。文化大革命期は同軍委の日常業務が打撃を受け、国防委員会も正常業務を停止。1967年8月、党中央は中央軍委弁事組を組織し中央軍委常務委員会廃止を決定。1971年10月3日、前記弁事組を廃止し弁公会議に改組。1975年2月5日、前記弁公会議を廃止、党中央軍委常務委員会が成立。1979年11月4日、党中央は、中央軍委常務委員会指導下に日常業務処理を担当する中央軍委弁公会議制度設立を決定。1982年9月12日、第12回党大会後は常務委員会を廃止することとし、同年11月26日～12月10日の第5期全人代第5回会議で採択された「中華人民共和国憲法」で国家中央軍事委員会の設立を規定、党中央軍事委員会と名称は異なるが同一機関であり、党と国が共同で指導権を行使する最高軍事指導体制を確立した。

中央軍事委員会の歴史と沿革

1925年9〜10月、中国共産党中央委員会の下に軍事運動委員会を設立。同年12月党中央軍事部に改称。1927年に軍事部を軍事科に改称。1928年6〜7月、党中央軍事部を再設立、各地に軍事委員会を設立。1930年2月、中国共産党中央軍事委員会を組織し、中央政治局の直接指導下に置く。

↓

1931年1月15日、中央ソビエト区に中央革命軍事委員会成立。同年11月、中華ソビエト共和国中央革命軍事委員会（略称、中革軍委）を組織、中革軍委は全国の紅軍の最高指導機関として、政権系統に初めて正式に隷属。1933年1月、中央軍委を中革軍委に統一。遵義会議後は毛沢東・周恩来・王稼祥が三人軍事小組を構成し、長征中の軍事最高意思決定機構となる。1937年8月、中国共産党中央革命軍事委員会成立。

↓

1949年10月1日、中央人民政府人民革命軍事委員会成立。1954年9月、中華人民共和国国防委員会を設立し、前記人民革命軍事委員会を廃止、また、中国共産党中央軍事委員会が成立。文化大革命期は、党中央軍委弁事組を組織し中央軍委常務委員会を廃止。1971年10月3日、前記弁事組を廃止し党中央軍委弁公会議に改組。1975年2月5日、前記弁公会議を廃止、党中央軍委常務委員会が成立。1982年、中華人民共和国中央軍事委員会設立、中国共産党中央軍事委員会と名称は異なるが同一機関であり、党と国が共同で指導権を行使する最高軍事指導体制を確立。

3.4 人民解放軍各軍種・兵種の歴史と沿革

中華人民共和国成立後、人民解放軍は陸軍単体から複数の軍種・兵種の統合部隊に発展した。1950年代には5軍種と中央軍事委員会〔以下、中央軍委〕隷下の複数兵種機関に、1960～80年代初めには3軍種と中央軍委隷下の複数兵種機関に、1980年代～現代〔2015年12月30日まで〕には3軍種と中央軍委隷下の1独立兵種に発展した[注6]。

海軍：1949年4月23日設立、中央軍委に隷属。その後、水上艦艇部隊・潜水艦部隊・海軍航空兵・海岸砲兵・レーダー兵、海軍陸戦隊などを編成、1955～60年に東海艦隊・南海艦隊・北海艦隊を相次いで創設。

空軍：1949年11月11日設立、中央軍委に隷属。その後、戦闘・爆撃・輸送などの航空兵と空挺兵を編成。1957年、防空軍と空軍を統合、高射砲兵・レーダー兵などの兵種を増設、翌年に地対空ミサイル部隊を編成。1950～51年に東北・華北・華東・中南・西南・西北の6大軍区空軍を順次設立、複数回の調整を経て瀋陽・北京・南京・蘭州・済南・成都・広州の7大軍区空軍となった。

防空軍：1950年12月、人民解放軍防空司令部設立。1955年3月、防空部隊を防空軍に改称、中央軍委に隷属。1957年2月、防空軍を空軍に統合。

公安軍：1950年11月、人民解放軍公安部隊司令部設立。1955年7月、公安軍司令部に改称、中央軍委に隷属、1957年9月廃止。

鉄道兵：1953年9月設立、中央軍委に隷属。1982年12月廃止、鉄道部に移管。基本建設工程兵〔インフラ整備工兵〕：1978年1月設立、国務院と中央軍委の二重指導を受ける。1982年8月廃止。砲兵：1950年8月1日、人民解放軍砲兵司令部設立、中央軍委に隷属。装甲兵：1950年9月、人民解放軍自動車装甲兵司令部設立。1951年7月、装甲兵司令部に改称、中央軍委に隷属。工程兵〔工兵〕：1951年3月、人民解放軍工兵司令部設立。1955年8月、工程兵司令部に改称、中央軍委に隷属。通信兵：1956年4月、人民解放軍通信兵部設立、兵種指導機関として中央軍委に隷属。化学防護兵：1957年、人民解放軍化学兵部が人民解放軍の兵種機関になり、中央軍委に隷属。1969年と1975年に化学防護兵部と通信兵部がそれぞれ総参謀部業務部門に移管。1982年に砲兵部・装甲兵部・工程兵部が総参謀部業務部門に移管。第二砲兵：1966年7月1日、人民解放軍第二砲兵指導機関設立、第二砲兵を中央軍委隷下の独立兵種とした。陸軍航空兵：1986年10月設立、総参謀部に隷属。

中華人民共和国成立後の人民解放軍各軍種・兵種の歴史と沿革

1950年代に以下の5軍種と中央軍事委員会隷下の複数兵種機関に発展。
陸軍・海軍・空軍・防空軍・公安軍、鉄道兵・砲兵・装甲兵・工程兵・通信兵・化学防護兵（1957年に防空軍は空軍に統合、公安軍は廃止）。

↓

1960～80年代初めに以下の3軍種と中央軍事委員会隷下の複数兵種機関に発展。
陸軍・海軍・空軍、鉄道兵・砲兵・装甲兵・工程兵・通信兵・化学防護兵・第二砲兵（1966年成立）・基本建設工程兵（1978年成立）。

↓

1980年代～現代〔2015年12月30日まで〕、以下の3軍種と中央軍事委員会隷下の1独立兵種に発展。
陸軍・海軍・空軍・第二砲兵（1982年までに、砲兵部・装甲兵部・工程兵部・通信兵部・化学防護兵部は総参謀部の業務部門となり、鉄道兵と基本建設工程兵は廃止）。1986年10月、陸軍航空兵が設立され総参謀部に隷属。

4.1　現行の国防関連法体系

　国防関連法は国防および武装力の建設分野と各種社会関係を規定する法律・法規の通称であり、国の国防活動における基本的法規範である。中国国防関連法は「中華人民共和国憲法」に準拠し、国防体制整備の実際的な必要に基づき制定される。現在、中国はほぼ完備した国防関連法体系をすでに構築している。中国の現行国防関連法は立法権限に応じて次の4レベルに分けられる。

　最高レベルは法律であり、全国人民代表大会およびその常務委員会が制定した国防と武装力の建設に関する法律である「中華人民共和国国防法」「中華人民共和国兵役法」「中華人民共和国現役将校法」「中華人民共和国香港特別行政区駐軍法」「中華人民共和国マカオ特別行政区駐軍法」などを含む。

　第2レベルは法規であり、中央軍事委員会と国務院が制定または両者が合同で制定した軍事行政法規である「軍人救済優遇条例」「義務兵安置〔復員召集兵の配置〕条例」「中国人民解放軍内務条令」「中国人民解放軍紀律条令」「中国人民解放軍隊列条令」「徴兵工作条例」「将校階級制度の具体的規定」などを含む。

　第3レベルは規則であり、中央軍事委員会の各総部、各軍種・兵種、各大軍区が制定するか、国務院の関連部・委員会と中央軍事委員会の関連総部が合同で制定する軍事規則である「応召公民の体格条件」「交通戦備科学研究管理暫定規定」、および陸軍公布の「戦闘条令」、海軍公布の「艦艇条令」、空軍公布の「飛行条令」などを含む。

　第4レベルは地方法規であり、各省・自治区・直轄市の人民代表大会およびその常務委員会が制定する、国の国防関連法を徹底的に執行するための実施弁法・実施細則・補充規定などである「人民武装部建設の強化に関する意見」「徴兵工作の若干の規定」「国防教育条例」などを含む。

　分野区分に応じて以下の16分類がある。(1) 国防基本法類 (2) 国防組織法類 (3) 兵役法類 (4) 軍事管理法類 (5) 軍事刑法類 (6) 軍事訴訟法類 (7) 国防経済法類 (8) 国防科学技術工業法類 (9) 国防動員法類 (10) 国防教育法類 (11) 軍人権益保護法類 (12) 軍事施設保護法類 (13) 特別行政区駐軍法類 (14) 緊急事態法類 (15) 戦争法類 (16) 対外軍事関係法類。

中国の現行国防関連法体系（4レベル）

法律
全国人民代表大会およびその常務委員会が制定した国防と武装力の建設に関する法律。

法規
中央軍事委員会と国務院が制定または両者が合同で制定した軍事行政法規。

規則
中央軍事委員会の各総部、各軍種・兵種、各大軍区が制定するか、国務院の関連部・委員会と中央軍事委員会の関連総部が合同で制定する軍事規則。

地方法規
各省・自治区・直轄市の人民代表大会およびその常務委員会が制定する、国の国防関連法を徹底的に執行するための実施弁法・実施細則・補充規定など。

国防法の分類（16項目）

- 国防基本法類
- 国防組織法類
- 兵役法類
- 軍事管理法類
- 軍事刑法類
- 軍事訴訟法類
- 国防経済法類
- 国防科学技術工業法類
- 国防動員法類
- 国防教育法類
- 軍人権益保護法類
- 軍事施設保護法類
- 特別行政区駐軍法類
- 緊急事態法類
- 戦争法類
- 対外軍事関係法類

第4章　国防関連法

4.2 主な国防関連法の概要

「中華人民共和国国防法」：1997年3月14日、第8期全国人民代表大会第5回会議で採択、国家主席第84号令にて公布、施行。合計12章70条からなり、中国初の国防基本法であり、国防体制整備の母法とされる。

「中華人民共和国兵役法」：1955年7月30日に第1期全人代第2回会議で採択、国家主席令にて公布、施行。全人代は1984年と1998年に同法を改正。2011年10月29日、第11期全人代常務委員会第23回会議で3回目の改正を行い、国家主席第50号令にて公布、施行。合計12章74条からなり、国が兵役制度を実施し、国防と予備兵力整備を強化する法的根拠である。

「中華人民共和国国防教育法」：2001年4月28日、第9期全人代常務委員会第21回会議で採択、国家主席第52号令にて公布、施行。合計6章38条からなり、国民が国防教育を受ける権利と義務を規定する。

「中華人民共和国国防動員法」：2010年2月26日、第11期全人代常務委員会第13回会議で採択、国家主席第25号令にて公布、同年7月1日施行。合計14章72条からなり、迅速な動員能力向上のために法的根拠を提供する。

「中華人民共和国軍事施設保護法」：1990年2月23日、第7期全人代常務委員会第12回会議で採択、国家主席第25号令にて公布、同年8月1日施行。合計8章37条からなり、軍事施設の安全性の保護、軍事施設使用の保障、軍事交通と軍事活動の正常な実施のために法的根拠を提供する。

「中華人民共和国現役将校法」：2000年12月28日、第9期全人代常務委員会第19回会議で採択、国家主席第43号令にて公布、施行。同法は1988年の「中国人民解放軍現役将校軍役服務条例」とその後二度の修正を基に改称されたものである。合計8章54条からなり、人民解放軍将校・軍隊管理の基本法である。

「中華人民共和国予備役将校法」：1955年5月10日、第8期全人代常務委員会第13回会議で採択され施行。2010年8月28日、第11期全人代常務委員会第16回会議で「(中華人民共和国予備役将校法の) 改正に関する決定」が採択され、国家主席第33号令にて公布、施行。合計11章66条からなり、国防予備兵力の整備と管理を強化するために法的根拠を提供する。

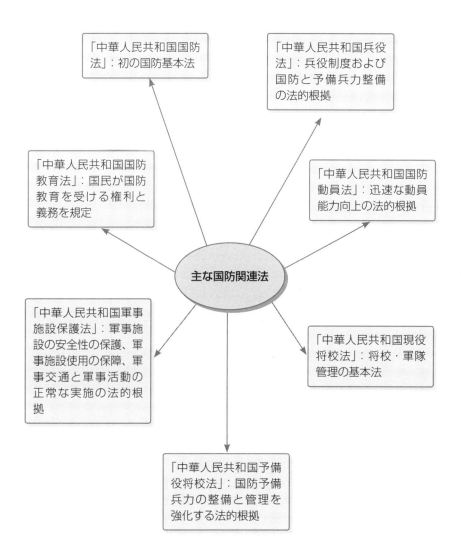

図解　現代中国の軌跡　中国国防

第1編　訳注

第1章
注1　特殊性または臨時性の強い任務の遂行のために関連各部門を跨いで設立された調整・連携組織。各種委員会・指導小組・工作小組などがある。
注2　「擁軍優属・擁政愛民」は軍擁護と軍人家族優遇、政府擁護と人民愛護。従軍家族の就業や職業、住居斡旋、傷痍軍人の住宅保証、軍人軍属の権益保障などを行う。
注3　退役軍人の就業手配、再就職支援を行う。
注4　衛戍（えいじゅ）とは首都に軍隊が恒常的に駐屯し警備に当たること。3つの直轄市（上海・天津・重慶）と各省政府所在地などの主要都市が警備区とされ、北京市は北京衛戍区と呼ばれる。

第2章
注1　2013年4月に発表された「国防白書」のデータ。
注2　軍種・兵種を連合（統合）した兵站を所掌する。
注3　正師とは軍の階級で大校・少将クラスのこと。大校は大佐に相当。
注4　人民解放軍の編制における"師"・"旅"・"団"・"営"・"連"・"排"・"班"は、それぞれ日本式の「師団」「旅団」「連隊」「大隊」「中隊」「小隊」「分隊」に相当。本文では日本式に置き換えて表記している。
注5　人民解放軍の序列は、中央軍事委員会の主席・副主席・委員の下に分級単位が存在し、その中で最上位が正大軍区級であり、以下に副大軍区級・正軍級・副軍級・正師級・副師級と続く階級構成になっている。
注6　条令は軍隊の行動規定。条例は中国共産党が制定する人民解放軍の法規で政治工作や財政工作などを規定する。
注7　郷・鎮（ごう・ちん）は、中華人民共和国の行政区分である県級市の末端行政区域であり、郷・鎮に代わって直轄市および地区級市の下に設置される区の出先機関である街道弁事処が管轄する「街道」が置かれることもある。

第3章
注1　1927～1937年の第1次国共内戦期に中国共産党が解放区で行った封建的土地所有制に対する改革運動。
注2　1937年の日中戦争勃発を機に成立した第2次国共合作により、中国工農紅軍は華北の部隊が国民革命軍第八路軍に、華中の部隊が国民革命軍新編第四軍に改編された。
注3　ソビエト区は中国共産党が革命拠点とした行政区画で、中央ソビエト区は江西省瑞金を中心とする地域。
注4　1935年1月15日から17日の3日間、長征の途中の貴州省遵義県（現、遵義市）で開催された中国共産党中央政治局拡大会議。党における毛沢東の軍事的・政治的指導権が確立される転機となった。
注5　1934年10月から1936年10月に行われた中国工農紅軍（中国共産党軍）の大移動。国民党軍の包囲攻撃を受けた紅軍が江西省瑞金の革命根拠地を放棄し、陝西省延安まで約1万2500kmの行軍を行った。
注6　2015年12月31日に陸・海・空・ロケット軍の4軍種と戦略支援部隊に変更。

第2編
政策編

- 第5章　国防政策
- 第6章　国防思想と理論
- 第7章　国防教育

5.1　国家安全保障の基本目標と任務

　中国は平和的発展の道を歩むことを堅持し、防御的国防政策をゆるぎなく遂行する。中国の国家安全保障の基本目標と任務は以下のとおりである。(1) 分裂の制止、統一の促進、侵略への備えと抵抗、国家主権の防衛、領土と海洋権益の保全。(2) 国家の発展と利益の擁護、経済・社会の全面的、協調的、持続可能な発展の促進、総合国力の継続的な増強。(3) 国防建設と経済建設の協調的発展という方針の堅持、中国の国情に合致し世界の軍事的発展の趨勢に適応する現代的国防の構築、情報化という条件の下での防衛戦闘能力の向上。(4) 人民の政治・経済・文化における権益の保障、各種犯罪活動の厳格な取り締まり、正常な社会秩序と社会の安定の維持。(5) 自主独立の平和外交政策の励行、相互信頼・互恵・平等・協力という新しい安全理念の堅持、長期的かつ良好な国際環境と周辺環境の獲得。

中国の国家安全保障の基本目標と任務

(1) 分裂の制止、統一の促進、侵略への備えと抵抗、国家主権の防衛、領土と海洋権益の保全。
(2) 国家の発展と利益の擁護、経済・社会の全面的、協調的、持続可能な発展の促進、総合国力の継続的な増強。
(3) 国防建設と経済建設の協調的発展という方針の堅持、中国の国情に合致し世界の軍事的発展の趨勢に適応する現代的国防の構築、情報化という条件下での防衛戦闘能力の向上。
(4) 人民の政治・経済・文化における権益の保障、各種犯罪活動の厳格な取り締まり、正常な社会秩序と社会の安定の維持。
(5) 自主独立の平和外交政策の励行、相互信頼・互恵・平等・協力という新しい安全理念の堅持、長期的かつ良好な国際環境と周辺環境の獲得。

5.2 積極防御の戦略方針

　積極防御という戦略思想は、中国共産党の中国革命戦争指導期にすでに実践され、毛沢東ら党第一世代指導者は中国の国情と敵味方の現実的力関係に基づき、中国独自の積極防御戦略思想を創出し、人民軍を革命戦争の勝利に導いた。

　新中国成立後、毛沢東ら指導者は繰り返しこう表明した。新中国は自主独立の平和外交政策をとり、いかなる国も侵略しないが、中国の主権と領土へのいかなる国の侵略も決して許さない。1955年4月末に毛沢東は党中央書記処会議で戦略方針を取り上げ、中国の戦略方針は積極防御であり、決して先制攻撃しないことを明確に示した。1956年3月6日の党中央軍事委員会拡大会議で積極防御の戦略方針が提起され、後に人民解放軍の軍事活動の基本的指導思想となった。積極防御の戦略方針の概要は以下のとおりである。戦争勃発前は戦争準備を強化し、積極的な措置により戦争勃発を制止し延期させ、戦争勃発後は積極的な作戦で侵略者に重大な損失と挫折を与え、敵の攻撃による味方の重大な損失を回避、国の戦時体制への移行を援護し、適切な時機に戦略的反撃を実行、最終的に敵の攻撃を粉砕する。

　積極防御の戦略方針は安全保障環境の変化に応じて何度も調整が行われた。1960年、中央軍事委員会拡大会議での「北頂南放」の戦略方針（長江口を境に北と南の2つの防衛線に区分し、長江口以北から東北地区の鴨緑江と図們江までのラインは、堅守・防御作戦を採用して機動戦を行わず陣地戦のみ行い、長江口以南から広西チワン族自治区沿海地域までのラインは、敵の進入を許し、敵を予め設定した地域まで深く誘導して殲滅）。1964年、毛沢東の「早期戦・大規模戦・核戦争」の臨戦態勢思想に基づく積極防御方針。1977年、中央軍事委員会の「積極防御、誘敵深入[注1]」戦略方針。1988年、中央軍事委員会が積極防御の軍事戦略を確立、軍整備の指導思想をかつての「早期戦・大規模戦・核戦争に備える」ことに立脚した臨戦態勢から平和な時代の経済建設路線に転換、軍事戦略計画の主軸を反侵略全面戦争への対応から可能性の高い軍事衝突と局部戦争に転換。1993年、中央軍事委員会拡大会議の、現代技術、特にハイテク条件下の局部戦争勝利に立脚した新時代の積極防御軍事戦略方針。数十年来、積極防御の戦略方針は調整を経て具体的内容が変化したが、その本質は一貫して変わっていない。

積極防御戦略方針の確立と調整

```
中国共産党の中国革命戦争指導期に積極防御の戦略思想をすでに実践。
          ↓
1955年4月末、毛沢東は、中国の戦略方針は積極防御であり、決して先制攻撃しないことを打ち出す。
          ↓
1956年3月6日、党中央軍事委員会拡大会議で積極防御の戦略方針を打ち出し、後に人民解放軍の軍事活動の基本的指導思想となる。
          ↓
1960年、中央軍事委員会拡大会議で「北頂南放」の戦略方針を打ち出す。
          ↓
1964年、毛沢東が「早期戦・大規模戦・核戦争」の臨戦態勢思想に基づく積極防御方針を打ち出す。
          ↓
1977年、中央軍事委員会が「積極防御、誘敵深入」の戦略方針を打ち出す。
          ↓
1988年、中央軍事委員会が積極防御の軍事戦略を確立、軍整備の指導思想をかつての「早期戦・大規模戦・核戦争に備える」ことに立脚した臨戦態勢から平和な時代の経済建設路線に転換。
          ↓
1993年、中央軍事委員会拡大会議で現代技術、特にハイテク条件下の局部戦争勝利に立脚した新時代の積極防御軍事戦略方針を打ち出す。
```

5.3 核政策

　新中国成立後、アメリカの核による威嚇と脅威の下で、中国共産党中央委員会と毛沢東は核兵器の開発を決定した。1964年10月16日、中国初の原爆実験に成功し、中国は核保有国となって米ソなどの大国による核独占を打破した。中国政府は繰り返し声明を出し、中国の核開発は防衛目的であり、いかなる時と状況においても核兵器を先制使用せず、また、核保有国および近い将来核兵器を保有する可能性がある国は核兵器不使用を保証する義務を負うことを提案し、非核国と非核地帯に核兵器を使用せず、保有国同士も核兵器を使用しないことを保証すべきとした。中国は核兵器の国外不拡散と国外配備禁止に関する国際条約に署名して遵守し、核兵器の全面禁止と廃絶を主張した。2003年12月、中国政府は『中国の〔大量破壊兵器〕拡散防止政策と措置』白書を発表し、中国が他国の大量破壊兵器開発を支持せず、奨励せず、援助しない政策をとることを明確に表明した。2004年12月、『2004年中国の国防』白書を公表し、国連安保理で採択された大量破壊兵器拡散防止決議の中国政府による執行状況を全面的に紹介した。

　中国の核政策は自主独立、防御的なものであり、主な内容は以下のとおりである。(1)自衛のための防御的政策の実行。中国の核開発は防御のためであり、最終目的は核戦争抑止、核兵器廃絶である。(2)核兵器の先制不使用を約束。いかなる時と状況においても核兵器を先制使用せず、非核国と非核地帯に核兵器を使用しないが、後発的核反撃の権利は留保する。(3)核兵器の全面禁止と廃絶を主張。すべての核保有国が非核国と非核地帯への核兵器不使用に無条件で応じ、核兵器廃絶の義務を共に負い、かつ、有効な国際的監督下で実行に移すことを主張、関係諸国に対し核兵器先制不使用の国際条約の速やかな締結を呼びかける。主な核大国が予定どおりに既存の核軍縮条約を実施した上で、さらに大幅な核軍縮を行い、最終的に核廃絶を実現すべきである。中国は一貫して核拡散を支持せず、奨励せず、行わず、他国の核開発政策を援助せず、核拡散防止におけるダブルスタンダードに断固反対する。(4)関係諸国に核威嚇政策の放棄を提唱。核保有国は核威嚇政策を放棄し、国外に核兵器を配備するすべての国はそれを本国へ撤回し、いかなる時と状況においても先制使用せず、非核国と非核地帯には無常件で不使用とする義務を負うことを主張する。

中国の核政策の主な内容

- 自衛のための防御的政策の実行。
- 核兵器の全面禁止と廃絶を主張。
- 核兵器の先制不使用を約束、非核国と非核地帯に核兵器を使用しないが、後発的核反撃の権利は留保。
- 関係諸国に核威嚇政策の放棄を提唱。

6.1 積極防御の戦略思想

　積極防御は進撃してくる敵に積極的・能動的な攻勢で対処する防御である。その基本精神は攻撃と防御の結合を重視し、敵を徹底的に打ち負かすことである。積極防御の戦略思想は、中国共産党が中国革命戦争を指導したときに、敵が強く味方が弱いという客観的事実に対し、総括的に練り上げた革命戦争の勝利を獲得するための戦略思想である。積極防御戦略思想の本質は戦略的防御という前提の下、攻撃と防御を弁証法的に統一したものにほかならず、戦略上、自衛と「後発制人［攻撃されたら反撃する］」を堅持し、人民戦争を堅持し、戦略上の持久戦を堅持する。積極防御という戦略思想の主な内容は以下のとおりである。十分にしっかりと戦争準備を行う、まず退却して敵を懐深くに誘い入れて殲滅する、戦役や戦闘における速戦即決によって戦略上の持久的防御を実現する、戦略的反攻を戦略的進攻に転じるなど。新中国成立後、積極防御という戦略思想は、政権を強固にし、国家の安全を防衛し、社会主義建設を保護する闘争において、さらに運用され発展し、国が国防体制と軍隊の整備を行う際の基本的戦略思想となっている。

積極防御の戦略思想の主な内容

十分にしっかりと戦争準備を行う、まず退却して敵を懐深くに誘い入れて殲滅する、戦役や戦闘における速戦即決によって戦略上の持久的防御を実現する、戦略的反攻を戦略的進攻に転じるなど。

6.2　海軍の戦略思想

　海軍戦略思想は、海軍の作戦・運用・整備といった全体に関わる問題を指導する理性的認識であり、海軍戦略を策定する基本的根拠および理論的基礎であり、主に海上における軍事闘争の準備と実施、海上武装力の整備と運用など、一連の基本的観点を含む。海軍戦略思想の発展は社会の歴史によって生じた政治・軍事・経済・地理・科学技術など一定条件の制約を受ける。中国人民解放軍海軍の戦略思想は海上軍事闘争の実践上の発展に伴って発展した。

　新中国成立後、毛沢東は強大な人民海軍を設立するという戦略的任務を提示し、改革開放期には、鄧小平が毛沢東の海軍戦略思想を継承し発展させ、近海防御戦略思想を打ち出した。新たな時代に入ると、江沢民と胡錦濤が相次いで現在の海洋の戦略的地位および海軍建設の重要性を指摘し、近海防御戦略思想を徹底させるよう強調し、海軍の総合的戦闘能力などを向上させた。21世紀以降、海軍の戦略思想には次のような新しい要素が含まれている。海軍建設を優先的発展事項に位置付け、情報化レベルの向上を基準とし、平時における海軍の非軍事的運用をより際立たせ、海軍の戦略的運用では海上行動に対する国際法の影響をより重視し、海上作戦では情報化という条件の下での各軍種・兵種の合同作戦をより重視する。

海軍の戦略思想

- 海軍の作戦・運用・整備といった全体に関わる問題を指導する理性的認識であり、動的戦略の範疇にある。

- 新中国成立初期、毛沢東が強大な人民海軍を設立するという戦略的任務を提示。

- 改革開放期、鄧小平が近海防御戦略思想を提示。

- 江沢民と胡錦濤が近海防御戦略思想を徹底させるよう強調、海軍の総合的戦闘能力などが向上。

6.3　空軍の戦略思想

　空軍戦略思想は、空軍の整備と運用といった全局面を指導する理性的認識であり、空軍戦略を策定する基本的根拠および理論的基礎であり、主に空中における軍事闘争の準備と実施、空軍力の整備と運用など、一連の基本的観点を含む。空軍戦略思想の発展は社会の歴史によって生じた政治・軍事・経済・地理・科学技術など一定条件の制約を受ける。中国人民解放軍空軍の戦略思想は空中軍事闘争の実践上の発展に伴って発展した。

　新中国成立初期、国家の主権と安全は外部からの侵略による重大な脅威に直面し、毛沢東は「強大な人民空軍を創設し、残敵を掃討し、国防を強固にする」という思想を提示した。1970年代末に、鄧小平は、現代の戦争における空軍の地位と役割に基づき、空軍は制空権奪取を重点とすべきであるという思想を提示した。新たな時代に入ると、江沢民は、空軍が「攻勢的防空」を実施しようとするなら、「現代化された攻防兼備型の強大な人民空軍を建設」すべきであるなどの思想を提示した。2005年以降、胡錦濤が打ち出した、新世紀の新たな段階における人民解放軍の歴史的使命に基づき、空軍は「航空・宇宙一体、攻防兼備」という戦略思想を確立した。空軍戦略思想は、社会の発展、科学技術の進歩、空軍の運用と整備の実践に伴って、絶えず豊かになり発展し続けている。

空軍の戦略思想

空軍の運用・整備・作戦といった全局面を指導する理性的認識であり、動的戦略の範疇にある。

↓

新中国成立初期、毛沢東は、「強大な人民空軍を創設し、残敵を掃討し、国防を強固にする」という思想を提示。

↓

鄧小平は、現代の戦争における空軍の地位と役割に基づき、空軍の制空権奪取を重点とすべきであるという思想を提示。

↓

江沢民は「現代化された攻防兼備型の強大な人民空軍を建設」すべきであるなどの思想を提示。

↓

胡錦濤が打ち出した、新世紀の新たな段階における人民解放軍の歴史的使命に基づき、空軍は「航空・宇宙一体、攻防兼備」という戦略思想を確立。

第6章 国防思想と理論

6.4　陸軍の戦略思想

　陸軍戦略思想は、陸軍の作戦・運用・整備といった全体に関わる問題を指導する理性的認識であり、陸軍戦略を策定する基本的根拠および理論的基礎であり、主に陸上における軍事闘争の準備と実施、陸上武装力の整備と運用など、一連の基本的観点を含む。中国人民解放軍陸軍の戦略思想は陸上軍事闘争の実践上の発展に伴って発展した。

　1927年の軍創設から新中国成立まで、人民解放軍はずっと陸軍のみの単一軍であり、それゆえ人民解放軍の戦略思想は陸軍の戦略思想だった。新中国成立後、人民解放軍は陸軍単独から海軍・空軍などの軍種を含むようになり、1980～90年代に世界で新たな軍事変革が起こったことで、中国軍の現代化と情報化が促進され、陸軍の軍種的位置付けおよび陸軍戦略思想が徐々に確立された。毛沢東が打ち出した革命化・現代化・正規化された強大な国防軍の建設および一連の軍隊・国防建設思想や積極防御の戦略思想など、鄧小平の新時代軍隊建設思想、江沢民の国防・軍隊建設思想、胡錦濤の国防・軍隊建設思想は、全軍の戦略上の指導思想であり、また、陸軍の戦略上の指導思想でもある。

陸軍の戦略思想

```
┌─────────────────────────────────────────────────────────┐
│ 陸軍の作戦・運用・整備といった全体に関わる問題を指導する理性的認識で │
│ あり、動的戦略の範疇にある。                             │
└─────────────────────────────────────────────────────────┘
                              ↓
┌─────────────────────────────────────────────────────────┐
│ 1927年から新中国成立まで、人民解放軍の戦略思想は陸軍の戦略思想。 │
│ 新中国成立後、人民解放軍は陸軍単独から海軍・空軍などの軍種を包含。陸 │
│ 軍の軍種的位置付けおよび陸軍戦略思想を徐々に確立。          │
└─────────────────────────────────────────────────────────┘
                              ↓
                ┌──────────────────────────┐
                │ 新中国成立後の陸軍の戦略上の指導思想 │
                └──────────────────────────┘

┌────────────────────────┐            ┌────────────────────────┐
│ 毛沢東の軍隊・国防建設思想、│  ←――→  │ 鄧小平の新時代軍隊建設思想 │
│ 積極防御の戦略思想      │            │                        │
└────────────────────────┘            └────────────────────────┘

┌────────────────────────┐            ┌────────────────────────┐
│ 江沢民の国防・軍隊建設思想 │  ←――→  │ 胡錦濤の国防・軍隊建設思想 │
└────────────────────────┘            └────────────────────────┘
```

7.1　国防教育の形式と内容

　国防教育を普及・強化し、愛国主義の精神を発揚させ、国防体制の整備と社会主義精神文明の建設を促進するために、中国は「国防教育法」を公布した。この法律に基づき、青少年と社会全体に対し国防教育を行い、国防教育機構を設立し、国防教育課程を開設し、国防教育基地と全民国防教育デーなどを設ける。

　国防教育の形式は主に以下のとおりである。国防教育読み物の出版と普及。軍事スポーツ競技会を開催。軍事訓練を組織。理論研究討論クラスを組織。模範的英雄の報告会を組織し、英雄の像・記念碑・烈士陵墓公園・革命遺跡などの愛国主義教育拠点を設立。新聞雑誌・ラジオ局・テレビ局に国防教育の特別枠を開設。国防知識コンテスト・歌唱コンクール・弁論大会などの活動を組織。国防月間・国防週間・国防デーなどの教育活動を展開。少年軍事学校〔小・中学生を対象とした軍事教育学校〕・軍事サマーキャンプなどの実施。擁軍優属〔軍を擁護し軍人の家族を優遇する〕活動を展開。大学に国防教育課程などを開設。

　国防教育の内容は多岐にわたり、国防理論・国防情勢・国防知識・国防法制・国防精神・国防経済・国防科学技術・国防史・国防外交・国防戦略・国防体育教育と訓練などがあるが、集約すると主に国防理論・国防精神・国防知識・国防技能の4分野である。

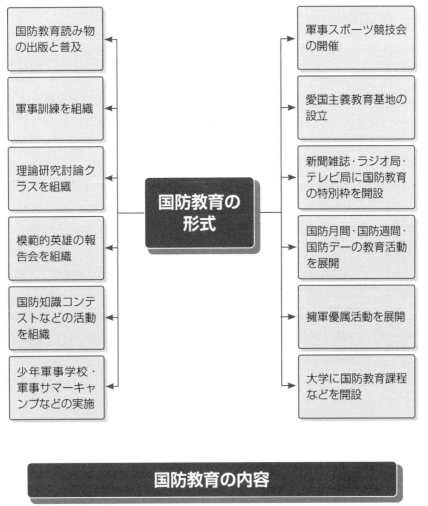

7.2　国家国防教育弁公室

　2002年4月に設立され、正式名称は国家国防動員委員会国防教育弁公室である。その職務機能は当初、国家国防動員委員会総合弁公室が担っていたが、2003年11月より人民解放軍総政治部大衆工作弁公室が担当している。主な職責は以下のとおりである。(1) 全国国防教育活動を組織し指導する。(2) 国の国防教育政策・法規・計画を策定し、国防教育大綱と教材を編纂する。(3) 地方と軍の関係部門を組織し調整して国防教育に関する中国共産党と国の方針および政策を徹底的に宣伝し、国防教育活動を展開する。(4) 全国の国防教育活動の実施状況を検査・督促し、国防教育活動の経験を総括し普及させる。(5) 全国の国防教育基金組織とその他の国防教育社会組織を管理する。(6) 国防教育の政策・理論研究を構築し展開する。

　さらに、全国の各省（自治区、直轄市）・地級市（地区）・県（自治県、県級市、市管轄区〔地級市の下に置かれる県級行政単位〕）にはいずれも国防教育弁公室が設置されている。その主な職責は、当該行政区域における国防教育活動の組織・指導・調整・検査である。一部の企業の事業組織や学校にも国防教育弁公室が設立され、当該機構の国防教育活動を担う。

国家国防教育弁公室

国家国防教育弁公室は 2002 年 4 月設立。

全国の各省（自治区、直轄市）・地級市（地区）・県（自治県、県級市、市管轄区）に国防教育弁公室を設置。

主な職責：当該行政区域における国防教育活動の組織・指導・調整・検査。一部の企業の事業組織や学校にも国防教育弁公室が設立され、当該機構の国防教育業務を担う。

主な職責：
(1) 全国国防教育活動の組織と指導。
(2) 国の国防教育政策・法規・計画の策定、国防教育大綱と教材の編纂。
(3) 地方と軍の関係部門の組織・調整、国防教育に関する中国共産党と国の方針および政策の徹底的な宣伝、国防教育活動の展開。
(4) 全国の国防教育活動実施状況の検査・督促、国防教育活動の経験の総括と普及。
(5) 全国の国防教育基金組織とその他の国防教育社会組織の管理。
(6) 国防教育の政策・理論研究の構築と展開。

7.3 学生軍事訓練工作弁公室

　中国人民解放軍内に設けられた生徒・学生の軍事訓練業務を担う事務機構であり、2001年10月に設立された。この弁公室は総参謀部動員部に設置され、主任は総参謀部動員部の部長が兼任し、副主任は総参謀部と総政治部の関連業務部門の指導者が兼任する。各大軍区と省軍区（衛戍区、警備区）の司令部、および生徒・学生の軍事訓練任務を担う軍隊院校〔軍隊所属の軍事専門学院〕にも相次いで学生軍事訓練工作弁公室が設立され、生徒・学生の日常的な軍事訓練活動の企画と運営を担う。その主な職責は以下のとおりである。(1) 生徒・学生の軍事訓練活動に関する中国共産党中央委員会・国務院・中央軍事委員会の指示を徹底的に執行し、具体的な方針と政策および意見を研究して提示し、教育行政部門と合同で関連規則と制度を策定する。(2) 軍隊による生徒・学生の軍事訓練活動状況を知悉・把握し、監督・検査・指導を実施し、関係する具体的活動を企画する。(3) 教育行政部門と合同で軍事課教学大綱〔軍事教科の教育指導要領〕を研究・策定し、教材を編纂・審査する。(4) 派遣する士官の配置・任免・養成・管理を担い、教育行政部門を補佐して高等教育機関の軍事教員を養成し、かつ、現役の将兵を選出して配置し軍事技能訓練を実施する。(5) 教育行政部門を補佐して高等教育機関が軍事訓練期間の思想・政治教育を着実に実施するよう指導する。(6) 教育行政部門と合同で訓練中の各種管理と保障業務を高等教育機関が着実に実行するよう指導を担う。(7) 教育行政部門の業務との連係・調整などを担う。

学生軍事訓練工作弁公室

2001年10月設立、中国人民解放軍内に設けられた生徒・学生の軍事訓練業務を担う事務機構。各大軍区と省軍区（衛戍区、警備区）の司令部、および生徒・学生の軍事訓練任務を担う軍隊院校にも相次いで学生軍事訓練工作弁公室が設立され、生徒・学生の日常的な軍事訓練活動の企画と運営を担う。

主な職責：
(1) 生徒・学生の軍事訓練活動に関する上級部門の指示を徹底的に執行し、具体的な方針と政策および意見を提示し、規則と制度を策定する。
(2) 軍隊による生徒・学生の軍事訓練活動状況を知悉・把握し、監督・検査・指導を実施し、関係する具体的活動を企画する。
(3) 教育行政部門と合同で軍事課教学大綱を研究・策定し、教材を編集・審査する。
(4) 派遣する士官の配置・任免・養成・管理を担い、教育行政部門を補佐して高等教育機関の軍事教員を養成し、かつ、現役の将兵を選出して配置し軍事技能訓練を実施する。
(5) 教育行政部門を補佐して高等教育機関が軍事訓練期間の思想・政治教育を着実に実施するよう指導する。
(6) 教育行政部門と合同で訓練中の各種管理と保障業務を高等教育機関が着実に実行するよう指導を担う。
(7) 教育行政部門の業務との連係・調整などを担う。

7.4 普通高等学校〔普通高等教育機関〕人民武装部

　国が大学などの普通高等教育機関[注1]に設置する学生軍事訓練業務機構であり、部長と数名の専任武装幹部[注2]を配置し、学校の党委員会と上級軍事部門の指導の下で業務を展開する。その主な職責は以下のとおりである。(1) 学生の軍事訓練の方針と政策を徹底的に執行する。(2) 学生の軍事訓練を企画し、学生の軍事訓練と軍事教科指導計画を策定し、具体的に実施する責任を担う。(3) 学生軍事訓練用の銃器や機材の管理と物資の確保などの業務を担う。(4) 学生の軍事訓練および軍事教科指導に関する規則と制度を策定する。(5) 武装幹部と軍事教員の政治・業務の学習・研修を企画する。(6) 学校の関係部門を補佐して学生軍事訓練の成果を強固なものにし、教職員の国防教育業務を企画する。(7) 軍事部門と共同で短期集中訓練を企画する。(8) 街道〔街道弁事所が管理する行政区分上の居住区〕を補佐して兵役・動員業務を着実に行い、校内の予備役人員の登録を遂行する。(9) 学校の関係部門と共同で擁軍優属〔軍を擁護し軍人の家族を優遇する〕活動および軍民共建〔軍隊と人民が社会主義文明を共に建設する〕活動を着実に行う。(10) 学校の党委員会と上級軍事部門から引き渡されたその他の業務を完遂する。

普通高等学校人民武装部

国が普通高等教育機関に設置する学生軍事訓練業務機構

主な職責:
(1) 学生の軍事訓練の方針と政策を徹底的に執行する。
(2) 学生の軍事訓練を企画し、学生の軍事訓練と軍事教科指導計画を策定し、具体的に構築し実施する責任を担う。
(3) 軍事訓練用の銃器や機材の管理と物資の確保などの業務を担う。
(4) 軍事訓練および軍事教科指導に関する規則と制度を策定する。
(5) 武装幹部と軍事教員の各種学習と研修を企画する。
(6) 学校の関係部門を補佐して学生軍事訓練の成果を強固なものにし、教職員の国防教育業務を企画する。
(7) 軍事部門と共同で短期集中訓練を企画する。
(8) 街道を補佐して兵役・動員業務を着実に行い、校内の予備役人員の登録を遂行する。
(9) 学校の関係部門と共同で擁軍優属活動および軍民共建活動を着実に行う。
(10) 学校の党委員会と上級軍事部門から引き渡されたその他の業務を完遂する。

7.5　全国普通高等教育機関軍事教学指導委員会

　1997年4月に設立され、教育部に隷属し、大学などの普通高等教育機関〔以下、大学など〕が国防教育の科学的研究と軍事教育指導を行うための国家機関であり、国内の大学などの軍事教員と一部の専門管理職員で構成される。この委員会は招聘任用制を実施し、委員は各省（自治区、直轄市）の教育行政部門および教育部直属の大学などの推薦により、教育部が招聘任用する。いずれも兼任であり、一般的に1期は3年である。委員会には主任委員・副主任委員・秘書長〔事務長〕が設けられ、下部に秘書処〔事務局〕、教学研究指導組、教員養成指導組、教材編纂・審査組を設置する。秘書処は教育部国防教育弁公室に設置され、この委員会の常設機関である。委員会の主な職責は以下のとおりである。(1) 国の教育方針および教育部が策定した関連教育・指導原則・要件・規定を徹底して実行する。(2) 大学などの軍事教科指導要領、教育改革の試行、軍事教育課程の評価などに関する案や意見を検討し提出する。(3) 教材編纂の総合プランや計画を提出し、全国の大学などの軍事教科用の教材と参考書を査定する。(4) 軍事・国防の教育指導と科学研究などの方面に関する成果を査定する。(5) 全国規模の軍事教員養成クラスを主催し、大学などの軍事教育に関するセミナーや経験交流などの活動を行う。

全国普通高等教育機関軍事教学指導委員会

1997年4月に設立され、教育部に隷属し、大学などの普通高等教育機関〔以下、大学など〕が国防教育の科学的研究と軍事教育指導を行うための国家機関。

↓

主な職責:
(1) 国の教育方針および教育部が策定した関連教育・指導原則・要件・規定を徹底して実行する。
(2) 大学などの軍事教科指導要領、教育改革の試行、軍事教育課程の評価などの案や意見を検討し提出する。
(3) 教材編纂の総合プランや計画を提出し、全国の大学などの軍事教科用の教材と参考書を査定する。
(4) 軍事・国防の教育指導と科学研究などの方面に関する成果を査定する。
(5) 全国規模の軍事教員養成クラスを主催し、大学などの軍事教育に関するセミナーや経験交流などの活動を行う。

7.6 その他の国防教育機構

　学生軍事訓練教育調整センター：2002年4月に設立された、大学などの普通高等教育機関〔以下、大学など〕で軍隊が受け持つ学生軍事理論教育業務に関する中国人民解放軍所管の調整指導機構である。本機構には主任と副主任、および数名の相談役が設けられ、事務室は国防大学に置かれている。その主な職責は以下のとおりである。(1) 全軍の学生軍事訓練や軍事理論の教育状況を知悉・把握し、関連意見と提案を提出する。(2) 教材の編纂と改訂を企画し、授業内容とカリキュラムを設定し規範に合わせる。(3) 軍事理論教育の評価基準を策定・整備し、全軍の学生軍事訓練業務弁公室の手配に従って、各部門の軍事理論教育に対し検査と評価を実施する。(4) 全軍の学生軍事訓練の中核となる指導員の研修・セミナー・教育経験交流などの活動を企画・調整する。(5) 学生軍事訓練教育ウェブサイトを開設し、インターネット授業や情報伝達などを段階的に実現する。

　普通高等教育機関軍事教育研究室：大学などの軍事理論教育と研究のための国家機構であり、主任と副主任、および数名の専任軍事教員ポストが設けられ、主管する学校長と教務主任の指導の下で、学校の軍事理論教育業務を担う。1985年に本機構は学生軍事訓練を試行した一部の大学などに設立され、2004年1月に各大学などにくまなく設立された。その主な職責は以下のとおりである。(1) 学校の軍事教育計画を策定し、実施する。(2) 関連規則と制度を策定し、軍事授業の出欠と審査を所管する。(3) 軍事教員の政治学習と業務研修を企画し、教育研究活動と軍事科学研究を展開する。(4) 軍事部門と共同で予備役士官を養成する短期合宿を企画し実施する。(5) 兵器・装備および訓練機材を管理・維持する。(6) 学生の国防体育活動[注3]などを企画する。

学生軍事訓練教育調整センター

2002年4月設立、大学などで軍隊が受け持つ学生軍事理論教育業務に関する中国人民解放軍所管の調整指導機構。

主な職責：
(1) 全軍の学生軍事訓練、軍事理論の教育状況の知悉・把握、関連意見と提案の提出。
(2) 教材の編纂・改訂の企画、授業内容とカリキュラムの設定と規範化。
(3) 軍事理論教育の評価基準の策定・整備、各部門の軍事理論教育の検査と評価。
(4) 軍事訓練の中核となる指導員の研修、セミナーや教育経験交流会の実施。
(5) 学生軍事訓練教育ウェブサイトの開設、インターネット授業や情報伝達などの段階的実現。

普通高等教育機関軍事教育研究室

大学などの軍事理論教育と研究のための国家機構、2004年1月設立。

主な職責：
(1) 学校の軍事教育計画の策定ならびに実施。
(2) 関連規則と制度の策定、軍事授業の出欠と審査を所管。
(3) 軍事教員の政治学習と業務研修を企画し、教育研究活動と軍事科学研究を展開。
(4) 軍事部門と共同で予備役士官を養成する短期合宿を企画・実施。
(5) 兵器・装備および訓練機材の管理と維持。
(6) 学生の国防体育活動などの企画。

第2編　訳注

第5章
注1　敵を国土の奥深くに誘い入れて戦う。

第7章
注1　「普通高等学校」は高級中学校（日本の高校に相当）卒業者を対象とした全日制大学・高等専門学院・高等職業学校などの高等教育機関を指し、成人向けに通信教育などを行う「成人高等学校」と区別される。
注2　地方政府および党・政府部門、企業・事業単位、大学・専門学院などにおいて武装業務を担い、兵員の動員・民兵の軍事訓練・組織化を行う。
注3　射撃・水泳・防空・投てき・通信・軍事野営・野外長距離競走・クライミング・武術など、軍事知識と技術を習得・普及するための体育活動。

第3編
項目編

- 第8章　中国人民解放軍の指導思想と光栄ある伝統
- 第9章　新中国成立後の作戦行動
- 第10章　新中国成立後の大規模軍事演習
- 第11章　新中国成立後14回の国慶節閲兵式
- 第12章　新中国成立後の数次にわたる重大な軍備縮小
- 第13章　新中国成立後の軍隊階級制度
- 第14章　国防科学技術
- 第15章　国際安全保障と協力
- 第16章　合同軍事演習と非伝統的安全保障協力
- 第17章　国家経済建設支援と災害救助・救援活動

8.1 毛沢東の軍事思想

　毛沢東の軍事思想はマルクス・レーニン主義の普遍的原理と中国革命戦争および国防建設の実践とが結合した産物であり、中国共産党指導者の集団的知性の結晶であり、中国革命戦争・軍整備・国防体制構築・反侵略戦争の指導思想でもある。主な内容は以下のとおりである。

　(1) 戦争観と軍事方法論。正義の戦争を支持し、非正義の戦争に反対し[注1]、最終的に戦争を消滅させる。戦略的には敵を恐れないが、戦術的には敵を重視する。戦争行為の根本目的は自分を生かし、敵を消滅させることである。兵器は戦争の重要な要素だが、決定的作用を果たすのは人であって物ではない。軍事計画を策定するには最悪の状況を考えて最良の結果を勝ち取らなければならない。(2) 人民の軍隊という思想。中国共産党が指導する、プロレタリア階級の性格を持つ新型軍隊を創設する。党による軍の指揮を堅持し、軍が党を指揮することは絶対に許さない。軍に各級党組織を設立し、党委員会の統一的指導下における首長責任分担制[注2]を実行する。堅固で力強い政治活動と集中指導の下での民主[注3]を実行し、厳格な規律を確立し、人民の軍隊の優良な伝統と気風を発揚させる。(3) 人民戦争という思想。革命戦争は大衆の戦争であり、大衆を動員し頼みとしてこそ、戦争を行うことができる。まず、反動派の統治力が薄弱である広大な農村に革命根拠地[注4]を建設する。絶対多数である人民の利益を代表する綱領と基本政策を実行する。団結可能なすべての力を結集し、最も主要な敵を最大限に孤立させて攻撃する。武装闘争をその他の各種非武装闘争形式と組み合わせて、戦力的優位に立つ。正規軍と遊撃隊や民兵が協力し、武装大衆と非武装大衆が協力する体制を実行する。人民戦争に適した戦略・戦術を実行し、兵力と作戦形式を臨機応変に使用する。(4) 人民戦争の戦略・戦術思想。積極的防御を採用し、消極的防御に反対する。敵の人的戦力を殲滅することを作戦の主要目標とし、都市と地方の防守または奪取を主要目標としない。優勢な兵力を集中し、敵を各個に殲滅し、消耗戦を回避する。まず分散し孤立した敵を叩き、次に集結している強大な敵を叩く。機動戦・陣地戦・遊撃戦を組み合わせて実行する。初戦は慎重を期し、準備と勝算のない戦いはしない。勇敢に戦い、犠牲を恐れず、疲れを厭わず、連続して戦い、接近戦や夜戦に臆さないという意識を高める。既存の装備に立脚して敵に打ち勝

つ。敵の内部矛盾の利用を重視し、敵軍に対する軍事的打撃と政治的崩壊を連動させる。後勤保障を完遂し、全力で前線支援を行う。(5) 国防建設思想。強大な国防体制を構築しなければならない。積極防御という戦略方針を実行する。国防建設と経済建設の関係を正しく処理する。国防建設は現代化を実現しなければならない。革命化・現代化・正規化された強大な国防軍を建設する。整備された国防科学研究と国防工業体系を確立し、平時・戦時の結合、軍需・民需の結合[注5]という方針を実行する。国防予備兵力と戦略的後方支援体制の整備を強化する。人民戦争を堅持し、既存の装備で優位な装備の敵に打ち勝つ方針を堅持する。

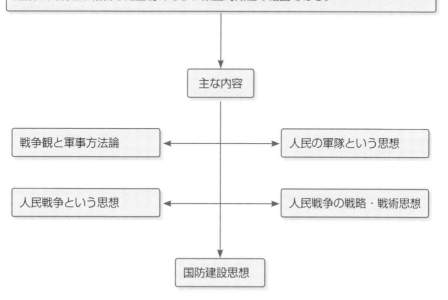

8.2　鄧小平の新時代軍隊建設思想

　鄧小平の新時代〔改革開放と社会主義現代化建設を推進する新しい時代〕軍隊建設思想は、新時代の国防・軍隊建設および軍事関連問題に関する鄧小平の科学理論体系であり、毛沢東の軍事思想の継承と発展であり、新時代の国防・軍隊建設の指導思想である。

　主な内容は次のとおりである。現代の戦争と平和の問題に対し新しい判断を打ち出し、軍隊・国防建設の指導思想の戦略的転換を実行する。中国は強固な国防を建設し、軍隊は国家の主権と安全を維持する歴史的使命を担わなければならない。軍隊は国家建設全体の大局に従わなければならず、国力増強を踏まえて国防の現代化を加速しなければならない。積極防衛という軍事戦略方針を実行し、人民戦争という戦略思想を堅持する。現代化・正規化された強大な革命軍を建設する。

鄧小平の新時代軍隊建設思想

新時代の国防・軍隊建設および軍事関連問題に関する鄧小平の科学理論体系は、毛沢東の軍事思想の継承と発展であり、新時代の国防・軍隊建設の指導思想である。

主な内容：
現代の戦争と平和の問題に対し新しい判断を打ち出し、軍隊・国防建設の指導思想の戦略的転換を実行する。中国は強固な国防を建設し、軍隊は国家の主権と安全を維持する歴史的使命を担わなければならない。軍隊は国家建設全体の大局に従わなければならず、国力増強を踏まえて国防の現代化を加速しなければならない。積極防衛という軍事戦略方針を実行し、人民戦争という戦略思想を堅持する。現代化・正規化された強大な革命軍を建設する。

8.3 江沢民の国防・軍隊建設思想

　江沢民の国防・軍隊建設思想は、国防・軍隊建設および軍事関連問題に関する江沢民の科学理論体系であり、毛沢東の軍事思想、鄧小平の新時代軍隊建設思想の継承と発展であり、新しい歴史条件下での国防・軍隊建設の指導思想である。

　主な内容は次のとおりである。鄧小平の新時代軍隊建設思想を用いた軍隊建設の指導を堅持する。戦争と平和の問題を正しく認識し、軍事闘争の準備をしっかり行う。国防建設は国の経済建設の大局に従い、国防建設と経済建設が互いに促進し合い、協調して発展する仕組みを形成しなければならない。軍に対する党の絶対的指導という根本原則を堅持し、人民軍の性質・本領・気風を一貫して保持する。積極防衛という軍事戦略を貫徹し、新時代の軍事戦略方針を用いて軍隊の各種建設と一切の業務を統括する。政治的には適格、軍事的には強固、気風は優良、規律は厳正、保障は強力というすべての要件に従って、軍隊の革命化・現代化・正規化建設を全面的に強化する。思想・政治建設を軍全体の各種建設の最上位に位置付け、軍が政治面で永遠に適格であることを確実に保証する。科学技術による軍隊強化戦略を実施し、軍隊建設の数量・規模型から質・効率型への転換、人力集約型から科学技術集約型への転換を推進する。人材育成を特に重視し、資質の高い新たな軍事的人材の養成に努める。法に基づく厳格な軍統治を行い、軍の正規化水準の向上に努める。人民戦争という思想を堅持し発展させ、国防予備兵力の整備を全力で強化する。優れた伝統の堅持を基礎に大胆な改革と刷新を行い、軍隊建設の生気と活力を絶えず増強する。

江沢民の国防・軍隊建設思想

国防・軍隊建設および軍事関連問題に関する江沢民の科学理論体系は、毛沢東の軍事思想、鄧小平の新時代軍隊建設思想の継承と発展であり、新しい歴史条件下での国防・軍隊建設の指導思想である。

主な内容：
鄧小平の新時代軍隊建設思想を用いた軍隊建設の指導を堅持する。戦争と平和の問題を正しく認識し、軍事闘争の準備をしっかり行う。国防建設は国の経済建設の大局に従い、国防建設と経済建設が互いに促進し合い、協調して発展する仕組みを形成しなければならない。軍に対する党の絶対的指導の根本原則を堅持し、人民軍の性質・本領・気風を一貫して保持する。積極防衛という軍事戦略を貫徹し、新時代の軍事戦略方針を用い軍隊の各種建設と一切の業務を統括する。政治的には適格、軍事的には強固、気風は優良、規律は厳正、保障は強力というすべての要件に従って、軍隊の革命化・現代化・正規化建設を全面的に強化する。思想・政治建設を軍全体の各種建設の最上位に位置付け、軍が政治面で永遠に適格であることを確実に保証する。科学技術による軍隊強化戦略を実施し、軍隊建設の数量・規模型から質・効率型への転換、人力集約型から科学技術集約型への転換を推進する。人材育成を特に重視し、資質の高い新たな軍事的人材の養成に努める。法に基づく厳格な軍統治を行い、軍の正規化水準の向上に努める。人民戦争という思想を堅持し発展させ、国防予備兵力の整備を全力で強化する。優れた伝統の堅持を基礎に大胆な改革と刷新を行い、軍隊建設の生気と活力を絶えず増強する。

8.4 胡錦濤の国防・軍隊建設思想

　胡錦濤の国防・軍隊建設思想は、国防・軍隊建設および軍事関連問題に関する胡錦濤の科学理論体系であり、毛沢東の軍事思想、鄧小平の新時代軍隊建設思想、江沢民の国防・軍隊建設思想の継承と発展であり、新世紀の新段階における国防・軍隊建設の指導思想である。

　主な内容は次のとおりである。新世紀の新段階における軍隊の歴史的使命の全面的な履行に着目し、国防と軍隊の科学的発展の推進を主題とし、戦闘力生成モデルの転換加速を主軸として、軍隊の革命化・現代化・正規化建設を全面的に強化する。軍事理論・軍事技術・軍事組織・軍事管理の刷新を推進し、軍事闘争の準備を拡張し深化させ、国防と軍隊の改革を積極的かつ着実に推進する。情報化という条件の下での局地戦に勝利する能力を中核とした多様な軍事任務を完遂する能力を全面的に向上させる。小康社会〔ややゆとりある社会〕の全面的建設の過程で富国〔国力増強〕と強軍〔軍事力強化〕の統一を実現する。

胡錦濤の国防・軍隊建設思想

国防・軍隊建設および軍事関連問題に関する胡錦濤の科学理論体系は、毛沢東の軍事思想、鄧小平の新時代軍隊建設思想、江沢民の国防・軍隊建設思想の継承と発展であり、新世紀の新段階における国防・軍隊建設の指導思想である。

主な内容：
新世紀の新段階における軍隊の歴史的使命の全面的な履行に着目し、国防と軍隊の科学的発展の推進を主題とし、戦闘力生成モデルの転換加速を主軸として、軍隊の革命化・現代化・正規化建設を全面的に強化する。軍事理論・軍事技術・軍事組織・軍事管理の刷新を推進し、軍事闘争の準備を拡張し深化させ、国防と軍隊の改革を積極的かつ着実に推進する。情報化という条件の下での局地戦に勝利する能力を中核とした多様な軍事任務を完遂する能力を全面的に向上させる。小康社会の全面的建設の過程において富国と強軍の統一を実現する。

8.5 人民解放軍の性質・信条・任務

　人民解放軍の性質：(1) 中国人民解放軍は中国共産党の軍隊である。これは中国革命の歴史によって形成されたものであり、中国共産党がこの軍隊を創建し指導し、中国共産党が付与する政治任務を執行する武装集団にした。(2) 中国人民解放軍は人民の軍隊である。この軍隊は人民から生まれ、人民に奉仕し、人民と不可分な骨肉の関係を保持している。(3) 中国人民解放軍は社会主義国家の軍隊である。中華人民共和国成立後、この軍隊は国家機関の一部として、人民民主独裁を強固にし、社会主義国家を防衛し建設する職務機能を発揮している。

　人民解放軍の信条：中国人民とともにしっかりと立ち、中国人民に誠心誠意奉仕することが、中国人民解放軍の唯一の信条である。

　人民解放軍の任務：国防を強固にし、侵略に抵抗し、祖国を防衛し、人民の平和な労働を防衛し、国の建設事業に参加する。

中国人民解放軍の性質

中国人民解放軍は中国共産党の軍隊、人民の軍隊、社会主義国家の軍隊である。

中国人民解放軍の信条

中国人民とともにしっかりと立ち、中国人民に誠心誠意奉仕する。

中国人民解放軍の任務

国防を強固にし、侵略に抵抗し、祖国を防衛し、人民の平和な労働を防衛し、国の建設事業に参加する。

8.6 「党指揮槍」の原則

　人民軍は中国共産党の絶対的指導、すなわち「党指揮槍〔党が銃を指揮する〕」を受ける。毛沢東は、秋収蜂起〔1927年9月、湖南省や江西省の辺境地域での農民軍による武装蜂起〕を指導した後に、三湾改編〔江西省永新県三湾で行った秋収蜂起部隊の再編成〕を行い、「中隊〔"連"〕に党支部を設立する」制度を確立した[注6]。その後、毛沢東は「我々の原則は党が軍を指揮するのであって、軍が党を指揮することは絶対に許されない」と強調し、軍に対する党の絶対的指導という原則を確立した。これは人民解放軍の根本的制度であり続け、人民解放軍が作戦的勝利を獲得して発展し建設に成功する上での重要な要素にもなっている。

　軍に対する党の絶対的指導の基本制度には以下のものが含まれる。(1) 軍の最高指導権と指揮権を中国共産党中央委員会と中央軍事委員会に集中させる。(2) 軍隊内において、党委員会の統一的な集団指導の下での首長責任分担制を実行する。(3) 中隊に党支部を設立する。中隊党支部は軍隊内の末端組織であり、中隊指導の中核である。(4) 連隊以上の部隊と連隊以上に相当する部門に政治委員と政治機関を設け、大隊に政治教導員を設け、中隊に政治指導員を設ける[注7]。

「党指揮槍」の基本制度

(1) 軍の最高指導権と指揮権を中国共産党中央委員会と中央軍事委員会に集中させる。
(2) 軍隊内において、党委員会の統一的な集団指導下での首長責任分担制を実行する。
(3) 中隊に党支部を設立する。中隊党支部は軍隊内の末端組織であり、中隊指導の中核である。
(4) 連隊以上の部隊と連隊以上に相当する部門に政治委員と政治機関を設け、大隊に政治教導員を設け、中隊に政治指導員を設ける。

8.7 十大軍事原則

　解放戦争〔国共内戦〕の時期に、毛沢東は人民解放軍の作戦に対し総括を行い、1947年12月25日に十大軍事原則を提唱した。

　主な内容は以下のとおりである。(1) まず分散し孤立した敵を攻撃し、次に集中した強大な敵を攻撃する。(2) まず小都市・中都市・広大な農村を奪取し、次に大都市を奪取する。(3) 敵の兵力殲滅を主要目標とし、都市と地方の防守または奪取を主要目標としない。(4) 戦闘ごとに絶対的に優勢な兵力を集中させ、四方から敵を包囲し、徹底的な殲滅に努める。(5) 準備のない戦いはせず、勝算のない戦いはしない。戦闘のたびにできる限りの準備をし、彼我の条件を比較して勝利の確信を持つようにしなければならない。(6) 勇敢に戦い、犠牲を恐れず、疲労と連続作戦を厭わない気風を発揚する。(7) できる限り機動戦で敵の殲滅に努める。同時に、陣地攻撃の戦術を重視し、敵の拠点や都市を奪取する。(8) 都市の攻略にあたっては、敵の守備が薄弱な拠点や都市はすべて、断固としてこれを奪取する。敵の守備が中程度で、周囲の状況からも奪取可能な拠点や都市はすべて、機を見てこれを奪取する。敵の守備が強固な拠点や都市はすべて、条件が熟すのを待ってこれを奪取する。(9) 敵軍から捕獲したすべての兵器と大部分の兵員で自軍を補充する。(10) 2つの戦役の合間をうまく利用して、部隊の休息と整備・訓練を行う。

十大軍事原則

(1) まず分散し孤立した敵を攻撃し、次に集中した強大な敵を攻撃する。
(2) まず小都市・中都市・広大な農村を奪取し、次に大都市を奪取する。
(3) 敵の兵力殲滅を主要目標とし、都市と地方の防守または奪取を主要目標としない。
(4) 戦闘ごとに絶対的に優勢な兵力を集中させ、敵を殲滅する。
(5) 準備のない戦いはせず、勝算のない戦いはしない。
(6) 勇敢に戦い、犠牲を恐れず、疲労と連続作戦を厭わない気風を発揚する。
(7) できる限り機動戦において敵の殲滅に努める。
(8) 都市の攻略にあたっては、それぞれの状況に応じて、断固として奪取する、機を見て奪取する、条件が熟すのを待って奪取する、に区別する。
(9) 敵軍から捕獲したすべての兵器と大部分の兵員で自軍を補充する。
(10) 2つの戦役の合間をうまく利用して、部隊の休息と整備・訓練を行う。

8.8　戦闘気風と三大民主

　人民解放軍の戦闘気風とは、勇敢で粘り強く、犠牲を恐れず、疲労を厭わず、連続して戦い、厳格かつ迅速であり、命令は必ず実行し禁じられればやめる、というものである。

　三大民主とは、政治面の民主、経済面の民主、軍事面の民主である。これは人民軍が長期にわたる革命戦争において形成した優れた伝統と気風である。解放戦争中に、毛沢東は人民軍内の民主を政治面の民主、経済面の民主、軍事面の民主として系統的にまとめた。政治面の民主：将兵は政治面では一律平等であり、職務と分担の違いがあるだけで、貴賤上下の区別はない。どの軍人もみな公民の権利および定められた政治上の基本的権利を有する。経済面の民主：将兵は経済生活を管理・監督し、改善方法を提案し、経済の公開を実行し、経済政策に違反する行為を防止し、物質的、文化的生活を絶えず向上させ改善する権利を有する。軍事面の民主：軍事訓練や作戦などの各種任務において、将兵が互いに教え合い学び合い、将兵に提案工夫を働きかけ、大衆による評議を実施し、経験と教訓を総括する。

中国人民解放軍の戦闘気風

勇敢で粘り強く、犠牲を恐れず、疲労を厭わず、連続して戦い、厳格かつ迅速であり、命令は必ず実行し禁じられればやめる。

三大民主

人民軍内で政治面の民主、経済面の民主、軍事面の民主を実行することである。
政治面の民主：将兵は政治面では一律平等であり、いずれも公民の権利および定められた政治上の基本的権利を有する。
経済面の民主：将兵は経済生活を管理・監督し、改善方法を提案し、経済の公開を実行する権利を有する。
軍事面の民主：軍事訓練や作戦において、将兵が互いに教え合い学び合い、大衆による評議を実施する。

8.9 三大紀律、八項注意、三大任務

「三大紀律、八項注意」は、人民軍の草創期に毛沢東が提唱したものである。1947年10月10日、「三大紀律、八項注意を改めて公布することについての中国人民解放軍の訓令」において毛沢東は統一した規定を作成した。「三大紀律」とは、すべての行動は指揮に従い、民衆のものは針1本、糸1筋も取らず、すべての戦利品は公のものとしなければならないというものである。「八項注意」とは、言葉遣いは穏やかに、売り買いは公正に、借りたものは返し、壊したものは弁償し、人を殴ったり罵ったりせず、農作物を荒らさず、婦人をからかわず、捕虜を虐待しないというものである。これは、中国人民解放軍が軍内の関係、軍隊と人民の関係、捕虜の扱いを処理するための行動規範である。

「三大任務」とは、人民解放軍が戦闘任務を遂行し、大衆工作〔大衆への宣伝、働きかけ〕を行い、生産を発展させるという3項目の任務である。早くも紅軍〔1927年に中国共産党が組織した中国工農紅軍の通称、人民解放軍の前身〕の時期に、毛沢東は人民解放軍のために戦闘隊・工作隊・生産隊の3項目の任務を確定している。戦闘隊とは、人民軍の最重要任務が政権の奪取と政権の防衛であるということである。工作隊とは、人民軍がさらに中国共産党の綱領・路線・方針・政策を宣伝し、民衆を組織し、民衆を武装させるという任務も担っているということである。生産隊とは、人民軍が人民と苦楽を共にし、生産の発展に尽力し、部隊の生活を改善し、人民の負担を軽減し、国の経済建設を支援するということである。

三大紀律、八項注意

「三大紀律」とは、すべての行動は指揮に従い、民衆のものは針1本、糸1筋も取らず、すべての戦利品は公のものとしなければならないというものである。「八項注意」とは、言葉遣いは穏やかに、売り買いは公正に、借りたものは返し、壊したものは弁償し、人を殴ったり罵ったりせず、農作物を荒らさず、婦人をからかわず、捕虜を虐待しないというものである。

三大任務

戦闘任務を遂行し、大衆工作を行い、生産を発展させる戦闘隊・工作隊・生産隊の任務。

8.10 「三八作風」と「将兵一致、軍民一致、敵軍瓦解」の原則

「三八作風」とは、毛沢東が提唱した、革命的軍人が備えるべき優れた品性の通称であり、「確固とした正しい政治的方向性、刻苦質朴な仕事ぶり、臨機応変な戦略と戦術」という3つの言葉と、「団結・緊張・厳粛・活発」の8文字を指す。これは抗日戦争期に毛沢東が中国人民抗日軍政大学[注8]のために制定した教育方針および校訓である。

「将兵一致、軍民一致、敵軍瓦解」の原則とは、人民解放軍が将校と兵士の関係、軍隊と人民大衆の関係、および敵に対する闘争を処理する基準である。「将兵一致」の原則とは、将校と兵士の間、上級と下級の間の政治上の平等である。将校は兵士に気を配り愛護し、兵士は将校を尊重し服従し、団結して助け合い、協力して各種任務を完遂する。「軍民一致」の原則とは、人民解放軍が誠心誠意人民に奉仕し、民衆の規律を遵守し、政府を擁護し、人民を愛護し、軍と政府、軍と人民の団結を強固にし発展させることである。「敵軍瓦解」の原則とは、軍事攻撃と組み合わせて、敵軍に対し政治攻勢を繰り広げ、捕虜を寛大に扱う政策を実行し、各種措置と手段を講じ、敵軍の戦闘力を減衰させ瓦解させることである。

「三八作風」

確固とした正しい政治的方向性、刻苦質朴な仕事ぶり、臨機応変な戦略と戦術。団結・緊張・厳粛・活発。

「将兵一致、軍民一致、敵軍瓦解」の原則

「将兵一致」の原則とは、将校と兵士の間、上級と下級の間の政治上の平等である。
「軍民一致」の原則とは、人民解放軍が誠心誠意人民に奉仕し、軍と政府、軍と人民の団結を強固にし発展させることである。
「敵軍瓦解」の原則とは、軍事攻撃と組み合わせて、敵軍に対し政治攻勢を繰り広げることである。

8.11　軍旗、徽章、軍歌

　軍旗：1949年6月に中国共産党中央革命軍事委員会が定め、現在まで踏襲されている。仕様は赤地、長方形で、横縦比が5：4であり、旗竿側上部に金色の五芒星と「八一」の2字を配し、「八一軍旗」と略称する。星と「八一」の2字は、中国人民解放軍が1927年8月1日の南昌蜂起[注9]以来、長期にわたる奮闘を経て、その光り輝く星で全軍をあまねく照らしたことを示す。1992年9月5日に中央軍事委員会は陸軍・海軍・空軍の各軍旗の様式を規定した。軍旗の上半分（旗面の8分の5）はいずれも人民解放軍軍旗の基本様式を保持し、下半分（8分の3）は軍種によって区別し、陸軍が緑、海軍が青と白の縞、空軍が空色である。軍旗は主に連隊以上の部隊と大学等高等教育機関に授けられ、指令部門が保管し、通常は典礼・観閲・盛大な集会などに用いる。

　徽章：1949年6月に中国共産党中央革命軍事委員会が定め、現在まで踏襲されている。徽章の様式は金色で縁取った赤い五芒星で、中央に金色で「八一」の2字が嵌め込まれる。別称「八一」徽章。赤い星は中国人民の解放を象徴し、「八一」は1927年8月1日の南昌蜂起での人民軍誕生を示す。1951年より中央軍事委員会は陸軍・海軍・空軍の各徽章の様式を規定。陸軍の徽章は人民解放軍の徽章を兼ね、海軍と空軍は「八一」徽章を主体に軍種のマークを配し、海軍と空軍が人民解放軍の一部であり、陸軍を基礎に発展したことを示す。海軍の徽章は紺色の地に銀灰色の錨を配し、広大な海と艦艇を表す。空軍の徽章は空色の地に金色の鷹の両翼を配し、広大な青空と戦闘機を表す。通常は帽章・襟章・腕章・賞状・車両・艦（船）艇・戦闘機・重要建築物・会場の演壇などに用いる。

　軍歌：元の名は「八路軍進行曲」。抗日戦争中に詩人の公木と作曲家の鄭律成が創作、抗日根拠地で広く歌われた。1946年に八路軍が人民解放軍に改称されると、歌詞が修正され、「人民解放軍行進曲」に改名された。1951年2月に中央軍事委員会が公布した「中国人民解放軍内務条令（草案）」の附録で「人民解放軍軍歌」に、1953年5月に「人民解放軍行進曲」に、1965年に「中国人民解放軍行進曲」に改名。1988年7月25日に鄧小平中央軍事委員会主席が命令に署名し、「中国人民解放軍軍歌」に確定した。軍歌は軍の祝典や重要な集会、部隊の軍旗授与・観閲・隊列行進・集会などで合奏・合唱される。

〔口絵参照〕

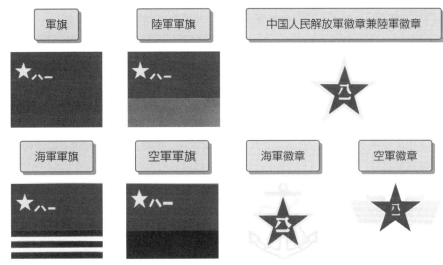

中国人民解放軍軍歌 注10

公木作詞
鄭律成作曲

8.12　新時代の人民解放軍建設における総合的指針と使命

●軍隊建設の総合的指針——「5つの言葉」

1990年12月に江沢民中央軍事委員会主席が全軍軍事工作会議で初めて次のように明確に提示した。「全軍の部隊は『政治的に適格、軍事的に強固、優れた気風、厳正な規律、強力な保障』を実現しなければならない」。1991年1月に江沢民主席は中央軍事委員会拡大会議で正式にこの「5つの言葉」を軍隊建設の総合的指針に定めた。

●新世紀の新段階における人民解放軍の歴史的使命

2004年の中央軍事委員会拡大会議で、胡錦濤中央軍事委員会主席は新世紀の新段階における人民解放軍の歴史的使命を次のように提示した。すなわち、党が執権的地位を強固にするための重要な軍事的保証の提供、国家が発展する重要な戦略的好機を維持するための強固な安全保障の提供、国家の利益を守るための強力な戦略的サポートの提供、世界平和を守り共通の発展を促進するための重要な役割の発揮である。

●現代における革命的軍人の中心的価値観

2007年8月1日に胡錦濤中央軍事委員会主席は、党の指揮に従い、人民に奉仕し、勇敢に戦うという優れた伝統を大いに発揚し、軍隊の歴史的使命、理想と信念、戦闘精神、社会主義栄辱観[注11]教育を本格的に実施し、軍隊が効果的に歴史的使命を果たすよう確実に保証することを提示。2008年末に、「将兵の精神的支柱の強化を巡っては、『党に忠誠を尽くし、人民を熱愛し、国家のために尽力し、使命に献身し、栄誉を尊ぶ』という現代における革命的軍人の中心的価値観を全力で養わなければならない」と明確に打ち出した。

●新情勢下における軍の強化目標

2013年3月11日に習近平中央軍事委員会主席は新情勢下における中国共産党の軍強化目標を打ち出し、党の指揮に従い、戦いに勝利でき、優れた気風を持つ人民軍を建設するとした。党の指揮に従うことは要であり、軍隊建設の政治的方向を決定する。戦いに勝利できることは核心であり、軍隊の基本的機能と軍隊建設の基本的方向性を反映する。優れた気風は保証であり、軍隊の性質・信条・本領に関係する。

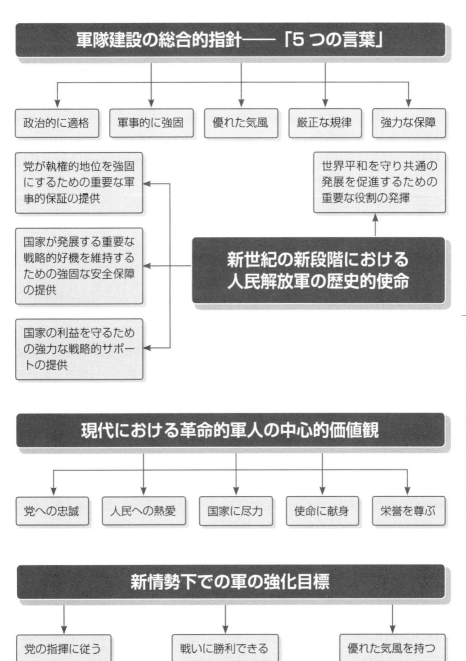

図解　現代中国の軌跡　中国国防

9.1　戦略的追撃

　1949年10月1日の中華人民共和国成立時点で、西南・中南・西北・華東の各地域および東南沿海部の島嶼を除き、全国の大部分の地域はすでに解放されていたが、人民解放軍は中央軍事委員会の指示に従い国民党軍に対し引き続き戦略的追撃を実施し、解放戦争における未完の任務を完了させた。

●**福建省および浙江省舟山群島(しゅうざん)の解放**：人民解放軍第3野戦軍第10兵団は1949年9月19日に漳厦(注1)戦役を発動し、9月25日に漳州を中心とした閩南(ビンナン)(注2)地方を、10月17日に厦門(アモイ)を解放。10月下旬に第10兵団の一部が金門島に進攻したが、敵情と戦場の情報把握が不十分だったため作戦は失敗。1950年5月、第10兵団第31・第32軍が福建省東山島を解放。同月、第7・第9兵団が浙江省舟山群島を解放。

●**広東省・広西省(注3)・海南島の解放**：第4野戦軍と第2野戦軍第4兵団は1949年9～12月に衡宝・広東・広西の各戦役を発動し、両広(注4)など、中南地域を解放。1950年3月に第4野戦軍第15兵団第43軍と第12兵団第40軍が海南島戦役を発動、瓊崖(けいがい)縦隊(注5)と連携し、数組ずつ密かに渡海、最終的に瓊州(けいしゅう)海峡の大規模な渡海を強行し、5月1日に海南島を解放。同月25日に第4野戦軍の一部の部隊が万山(マンシャン)諸島の諸島嶼に進攻し、8月に万山諸島を解放。

●**新疆の平和的な解放**：1949年9月25日、26日に国民党新疆警備総司令陶峙岳と新疆省政府主席ブルハン〔包爾漢〕が起義を宣言(注6)。人民解放軍第1野戦軍第1兵団は1949年12月～1950年3月に新疆民族軍の援護と協力の下で、クムル(注7)・カシュガル・迪化(てきか)(注8)などに到達し、新疆地区を解放。

●**四川省などの解放、チベット進軍**：1949年11月初旬、第2野戦軍と第1野戦軍第18兵団は川黔(注9)作戦、成都・滇南(注10)・西昌などの諸戦役により、国民党の正規部隊と地方武装勢力90万人を殲滅し、四川・雲南・貴州などの省を解放。1950年10月、第2野戦軍第18軍がチャムド(注11)戦役を発動、チャムド地区を解放し、チベット進軍の扉を開いた。1951年5月23日、中央人民政府とチベット地方政府はチベット平和解放の方法に関する協定に署名。これに基づき、8～9月には人民解放軍チベット進駐部隊が複数方面から進軍。こうして、台湾省とその他少数の島嶼(注12)を除く中国全土が解放された。

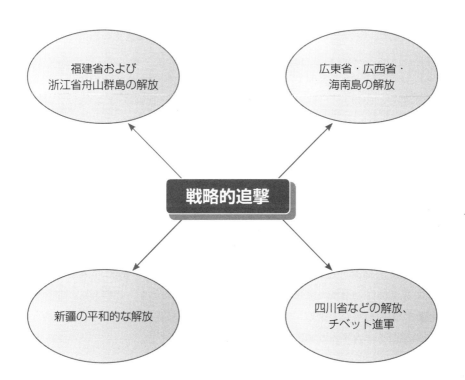

9.2　国民党残存勢力・匪賊掃討闘争

　中華人民共和国が成立したときに、国民党当局は大陸に大量の特務〔スパイ〕を計画的に潜伏させた。これら特務分子は、地元のボス[注13]や土匪の武装勢力と結託して、新解放区の政府機関を襲撃し、農工業の生産を破壊し、社会秩序を乱し、武装暴動を組織し、来るべき国民党軍の大陸反撃に連係する機会をうかがって、新たに誕生した人民の政権に脅威を与えていた。

　人民解放軍は中国共産党中央軍事委員会と中央人民政府人民革命軍事委員会の指示により、1949年5月から1953年までに、相次いで41の軍司令部[注14]の140個師団、150万人余りの兵力を派遣し、大規模な匪賊掃討闘争を展開した。

　全国の各匪賊掃討部隊は、中国共産党地方組織の統一指導の下で、軍事的攻撃と、政治的な働きかけ、大衆動員とが結合し、鎮圧と寛大が結合する方針[注15]および多数を獲得して少数に打撃を加え、各個撃破するという戦術的原則[注16]を採用し、かつ、小作料と利息の引き下げ、土地改革の実施、反革命の鎮圧、地元のボスの打倒、抗米援朝〔アメリカに対抗し北朝鮮を支援する〕の宣伝などの主要な活動と結びつけ、広範な民衆を動員して匪賊掃討闘争を行った。匪賊の重点的掃討・地区別掃討・残党掃討という3段階の闘争を経て、1953年末までにさまざまな集団匪賊と個別の匪賊合計260万人余りを殲滅した。こうして、全国規模で匪賊による被害が収束し、新たに誕生した人民の政権が強固なものとなり、社会主義建設を推進するための揺るぎない基礎が築かれた。

国民党残存勢力・匪賊掃討闘争

新中国成立時に、国民党当局は大陸に大量の特務を潜伏させた。これら特務分子は、地元のボスや土匪の武装勢力と結託して、武装暴動を組織し、来るべき国民党軍の大陸反撃に連係する機会をうかがって、新たに誕生した人民の政権に脅威を与えていた。

↓

1949年5月から1953年に、人民解放軍は150万人余りの兵力をもって、大規模な匪賊掃討闘争を展開した。

↓

匪賊掃討の戦術原則：軍事的攻撃と、政治的な働きかけ、大衆動員とが結合し、鎮圧と寛大が結合する方針。多数を獲得して少数に打撃を加え、各個撃破するという戦術的原則。
3段階の闘争：匪賊の重点的掃討・地区別掃討・残党掃討。

↓

1953年末までにさまざまな集団匪賊と個別の匪賊合計260万人余りを殲滅、匪賊による被害が収束し、新たに誕生した人民の政権が強固なものとなった。

9.3 抗米援朝戦争〔朝鮮戦争〕

　1950年6月25日、朝鮮内戦が勃発。26日、トルーマン米大統領はアメリカ軍に参戦と南朝鮮軍支援を命じるとともに、アメリカ海軍第7艦隊に台湾海峡に侵入し中国の領土である台湾を占領するよう命令。7月7日、ソ連代表が欠席する中で、アメリカは国連安保理を操り決議を可決させ、「国連軍」を編成し朝鮮に軍事介入した。

　28日、毛沢東は演説で、十分に備えをしてアメリカのいかなる挑発も打倒するよう全国の人民に呼びかけ、周恩来が中国の領土である台湾へのアメリカ侵略に反対する声明を発表。9月15日、アメリカ軍が仁川に上陸、28日に漢城（現ソウル）を占領し、続いて朝鮮北部に進攻。中国政府は、中国人民は外国の侵略を絶対に容赦しないと何度もアメリカに警告した。10月初めに「国連軍」地上部隊が38度線（南北朝鮮の境界線）を越えて北に侵犯。同時に、アメリカ空軍と海軍が中国東北部国境地域の爆撃、中国漁船と商船への砲撃を続け、中国の安全を脅かした。毛沢東を主席とする党中央は「抗米援朝、祖国防衛」の方針を決定、北朝鮮指導者・金日成の求めに応じて中国人民志願軍〔義勇軍〕を派遣。19日、同軍は彭徳懐司令員兼政治委員に率いられて朝鮮の戦場に出動。25日、抗米援朝戦争開戦。

　この戦争は2段階に分けられる。(1) 機動戦の段階。1950年10月25日から1951年6月上旬に、中国人民志願軍と朝鮮人民軍は機動戦を主な作戦形式として5回の戦役を連続で行い、アメリカ主導の「国連軍」を鴨緑江畔[注17]から38度線まで追い返し、戦略的防御に転じさせ、停戦交渉に応じざるをえなくさせた。(2) 陣地戦の段階。1951年6月中旬から1953年7月の停戦までは陣地戦を主な作戦形式とし、「持久戦と積極防御」の戦略方針を実行、「国連軍」による度重なる局部進攻を粉砕し、1951年に夏季・秋季攻勢[注18]への抵抗と反撃、1952年に秋季戦術反撃作戦[注19]と上甘嶺戦役を行い、「国連軍」の「扼殺戦」[注20]と細菌戦を粉砕、1953年7月にさらに金城戦役を行って停戦実現を促した。27日、交戦双方[注21]が「朝鮮戦争休戦協定」に調印し、朝鮮戦争が停戦した。

　抗米援朝戦争は中国人民が国の領土と主権を守り、国の安全を防衛するために朝鮮人民を支援して行った反侵略戦争であり、鴨緑江畔への「国連軍」の侵犯に対する志願軍の反撃に始まり、「国連軍」を38度線まで追い返して軍事境界線を定めるまで続いた。

抗米援朝戦争

1950年6月25日、朝鮮内戦勃発。

6月26日、トルーマン米大統領はアメリカ軍に参戦と南朝鮮軍支援を命じ、同時にアメリカ海軍第7艦隊に台湾海峡に侵入し中国の領土である台湾を占領するよう命令。7月7日、ソ連代表が欠席する中で、アメリカは国連安保理を操り決議を可決させ、「国連軍」を編成し朝鮮に軍事介入。

9月15日、アメリカ軍が仁川に上陸、28日に漢城(現ソウル)を占領し、続いて朝鮮北部に進攻。中国政府は、中国人民は外国の侵略を絶対に容赦しないと何度も警告。

10月初め、「国連軍」地上部隊が38度線(南北朝鮮の境界線)を越えて北に侵犯し、中国東北部国境地域の爆撃、中国漁船と商船への砲撃を続け、中国の安全を脅かした。

党中央は「抗米援朝、祖国防衛」の方針を決定し、北朝鮮指導者・金日成の求めに応じて中国人民志願軍を派遣。10月19日、志願軍が朝鮮の戦場に出動。10月25日、抗米援朝戦争開戦。

抗米援朝戦争は2段階に分けられる。
(1) 機動戦の段階。1950年10月25日から1951年6月上旬に、中朝軍は機動戦を主な作戦形式として5回の戦役を連続で行い、「国連軍」を鴨緑江畔から38度線まで追い返し、戦略的防御に転じさせ、停戦交渉に応じざるをえなくさせた。
(2) 陣地戦の段階。1951年6月中旬から1953年7月の停戦までは陣地戦を主な作戦形式とし、「国連軍」の度重なる局部進攻を粉砕。戦線は最終的に38度線付近で安定。

1953年7月27日、交戦双方が「朝鮮戦争休戦協定」に調印、朝鮮戦争が停戦。

9.4　一江山島戦役

　一江山島は浙江省台州湾外の東シナ海に位置し、南に上大陳島や下大陳島などの台州列島がある。1949年以降、撤退した国民党軍がこれら島嶼を占領、人民解放軍と海を隔てて対峙し、そこを基地として大陸を絶えず襲撃攪乱していた。1954年1月、華東軍区が陸海空3軍合同の大陳島攻撃計画を提示し、毛沢東と中央人民政府人民革命軍事委員会の承認を経て戦闘準備に入り、参戦部隊を組織して急ピッチで渡海上陸演習を開始。5月15〜20日、華東軍区渡海上陸作戦部隊が相次いで大陳島以北の東礬列島を攻略。6月初め、アメリカ軍艦船と戦闘機が大陳島の海域と空域で活動、国民党軍と連携し、人民解放軍の沿海の島嶼解放を阻止した。

　1954年8月、華東軍区は中央人民政府人民革命軍事委員会の指示に従い、浙東〔浙江省東部〕前線指揮部を設立、下部に空軍指揮所・海軍指揮所・上陸指揮所を設置。張愛萍軍区参謀長が司令員兼政治員を務め、3軍合同の後方勤務部と政治工作班を設立した。浙東前線指揮部はまず一江山島を占領し、次に大陳島を奪取、その後、機を見て他の島嶼を攻略することを決定し、各参戦部隊を組織して各種作戦準備を急いだ。

　1954年12月、アメリカと台湾国民党当局が「米華相互防衛条約」を締結。当条約の締結に反撃するために、中国共産党中央軍事委員会は一江山島戦役を発動して浙江省東南沿海の島嶼を解放することを決定した。

　1955年1月18日、人民解放軍華東軍区陸海空3軍の将兵が一江山島の国民党軍に対し合同渡海上陸作戦を発動、19日、守備隊を全滅させて一江山島を解放し、次いで浙東前線指揮部は大陳島を空爆。20日、海軍魚雷艇部隊が国民党海軍の砲艦「宝応号」を撃破。30日、浙東前線指揮部が大陳島の攻撃に備える準備命令を下達。2月5日、台湾国民党当局は大陳島を中心とする台州列島からの撤退を決定。25日、アメリカ空・海軍の援護の下で国民党軍が完全に撤退。こうして、浙江省東南沿海の島嶼はすべて解放された。

一江山島戦役

1949年以降、国民党軍が撤退し一江山島、大陳島などの台州列島を占領。

↓

1954年1月、華東軍区が陸海空3軍合同の大陳島攻撃計画を提示し、人民革命軍事委員会の承認を得た。

↓

5月15〜20日、華東軍区渡海上陸作戦部隊が相次いで大陳島以北の東磯列島を攻略。

↓

1954年8月、浙東前線指揮部を設立、下部に空軍指揮所・海軍指揮所・上陸指揮所を設置。張愛萍が司令員兼政治員を務める。作戦意図:「まず一江山島を占領し、次に大陳島を奪取する」

↓

1954年12月、アメリカと台湾国民党当局が「米華相互防衛条約」を締結。

↓

1955年1月18日、人民解放軍の陸海空3軍が合同渡海上陸作戦を発動、19日、守備隊を全滅させ、一江山島を解放。

↓

1月19日、人民解放軍が大陳島を空爆。20日、海軍魚雷艇部隊が国民党海軍の砲艦「宝応号」を撃破。30日、浙東前線指揮部が大陳島の攻撃に備える準備命令を下達。

↓

2月5日、国民党が大陳島などの台州列島撤退を決定。

↓

2月25日、アメリカ空・海軍の援護の下で国民党軍が完全に撤退。浙江省東南沿海の島嶼はすべて解放され、一江山島戦役が終結。

第9章 新中国成立後の作戦行動

9.5　金門砲撃

　1949年10月下旬、人民解放軍の金門島攻撃失敗後、国民党軍は金門や馬祖などの島嶼を占拠し続け、ここを基地として大陸の東南沿海地区に襲撃と破壊を行った。1950年に人民解放軍は金門島再攻撃準備を強化したが、朝鮮戦争勃発で実行は延期され、1953年1月より金門島への砲撃を開始。1954年8～9月に、アメリカと台湾当局の「米華相互防衛条約」締結画策に対抗し、二度の大規模な砲撃を実施。その後、大陸と金門・馬祖との砲撃戦は大なり小なり継続された。1958年7月、アメリカがレバノンに派兵し、中東紛争を引き起こした。台湾当局は機に乗じて大陸反撃を準備し、陸海空3軍に特別警戒態勢を取るよう命じて、大陸沿海地区に偵察と挑発を実施。7月18日、毛沢東と中国共産党中央軍事委員会は金門砲撃を決定、8月中旬に人民解放軍が兵力配備を完了した。

　金門砲撃は2段階に分かれる。(1) 8月25日～10月5日、主に陸上砲兵主体の陸・海・空軍合同封鎖作戦実施。8月23、24日に人民解放軍福建前線部隊が金門島国民党軍に二度の大規模な砲撃を実施し、守備隊に重大な損害を与え、金門島への補給を断った。9月初旬、アメリカ軍が軍艦と戦闘機を派遣し国民党軍の航行を護衛。中国政府は即時厳重抗議し、領海線を12海里とする声明を発表。9月8、11日に福建前線部隊は、毛沢東の「蒋介石の艦船だけを攻撃しアメリカ艦船を攻撃しない」という指示に従い、国民党の輸送艦を二度猛烈に砲撃し、アメリカ艦船を12海里の外に駆逐、13日以降は散発的砲撃に転じた。(2) 10月6日以降、主に断続的な砲撃を実施[注22]。アメリカによる台湾当局への金門・馬祖からの撤退要求と「二つの中国」とする画策、および蒋介石の撤退拒絶によるアメリカ側との対立に対し、毛沢東は金門・馬祖を蒋介石に留保させ、アメリカによる「二つの中国」とする画策を粉砕、機が熟すのを待って台湾・澎湖・金門・馬祖を一括解放することを決定、10月5日に「攻撃するが上陸せず、封鎖するが壊滅させず」の方針を決定。6、13、25日の3回にわたり中華人民共和国国防部は、アメリカ艦船の補給護衛停止を条件に砲撃の一時休止、偶数日の砲撃停止と奇数日の砲撃を宣言。1959年1月7日までに福建前線部隊は計7回の大規模砲撃、数十回の中小規模砲撃、1000回近い散発的砲撃、13回の空中戦、3回の海上戦を実施。1962年以降、同部隊は実弾射撃を停止、奇数日の宣伝弾[注23]発射に変更、1979年元旦の正式な中米国交樹立まで続いた。その後、徐向前・国防部長が金門砲撃を停止する声明を発表し、砲撃戦がついに終結した。

金門砲撃

```
1949 年 10 月下旬、人民解放軍の金門島攻撃失敗後、国民党軍が一貫して占拠。
                            ↓
1950 年、人民解放軍は金門島再攻撃を準備、朝鮮戦争勃発で実行延期。
                            ↓
人民解放軍は 1953 年 1 月より金門島への砲撃を開始。1954 年 8 ～ 9 月に、
アメリカと台湾当局の「米華相互防衛条約」に対抗し、二度の大規模な砲撃を実施。
                            ↓
1958 年 7 月、アメリカは中東紛争を引き起こした。台湾当局は陸海空 3 軍に特
別警戒態勢を取るよう命じ、機に乗じて大陸反撃を準備。
                            ↓
7 月 18 日、毛沢東は金門砲撃を決定。8 月中旬、人民解放軍は兵力配備を完了。
                            ↓
金門島砲撃は次の 2 段階に分かれる。
(1) 8 月 25 日～ 10 月 5 日、主に陸上砲兵主体の陸・海・空軍合同封鎖作戦実施。
(2) 10 月 6 日以降、アメリカによる「二つの中国」とする画策を粉砕し、金門・
    馬祖を蔣介石に留保させ、主に断続的な砲撃を実施。
                            ↓
1962 年以降、福建前線部隊は実弾射撃を停止、奇数日の宣伝弾発射に変更。
                            ↓
1979 年元旦の中米国交樹立後、徐向前・国防部長が金門砲撃を停止する声明を発
表し、砲撃戦がついに終結。
```

9.6 国土防空作戦

　国土防空作戦は主に人民解放軍空軍・防空軍・海軍航空兵・空軍地対空ミサイル部隊が、中国の領空の安全を守るために、大陸および沿海地区への台湾国民党軍とアメリカ軍の航空機による偵察・爆撃・襲撃攪乱に打撃を与える行動である。

　国土防空作戦は主に2段階に分けられる。(1) 1958年7月の空軍部隊の福建配備以前は、大陸および東南沿海地区に対する国民党空軍の襲撃攪乱は爆撃主体だった。この時期の国土防空作戦は主に爆撃阻止が中心である。(2) 空軍部隊の福建配備後は、徐々にこの地域の制空権を奪った。大陸および東南沿海地区に対する国民党空軍の襲撃攪乱は主に偵察中心であり、この時期の国土防空作戦は偵察阻止が主体である。1964年8月のアメリカによるベトナム戦争拡大〔トンキン湾事件の報復として北爆を開始〕以降は、絶えず偵察機と戦闘機を中国領空に侵入させたため、アメリカ軍機を攻撃することも国土防空作戦の重要な内容となった。

　中華人民共和国成立後は、台湾に撤退した国民党軍がアメリカ軍の支援と協力の下で、常時航空機を出動させて大陸および沿海地区に偵察と爆撃を行い、人民解放軍空軍・防空軍・海軍航空兵はこれに対し強力に反撃した。1958年10月に人民解放軍空軍地対空ミサイル部隊が組織され、1959年9月に作戦任務を担当した。新中国成立から1969年までに、人民解放軍はP-2V・U-2型機を含む100機余りのアメリカ軍と国民党空軍の航空機を撃墜して、祖国の領空の安全を防衛し、国の経済建設と国民生活の平和な環境を守った。

国土防空作戦

国土防空作戦の内容：人民解放軍空軍・防空軍・海軍航空兵・空軍地対空ミサイル部隊が、大陸および沿海地区への国民党軍とアメリカ軍の航空機による偵察・爆撃・襲撃攪乱に打撃を与える。

↓

国土防空作戦は主に2段階に分けられる。
(1) 1958年7月の空軍部隊の福建配備以前は、主に大陸および東南沿海地区に対する国民党空軍の爆撃阻止が中心。
(2) 空軍部隊の福建配備後は、偵察阻止が中心。1964年8月以降は、アメリカ軍航空機が絶えず中国領空に侵入したため、アメリカ軍機を攻撃することも国土防空作戦の重要な内容となった。

↓

新中国成立から1969年までに、人民解放軍はP-2V・U-2型機を含む100機余りのアメリカ軍と国民党空軍の航空機を撃墜。

9.7　大陸沿海地区防衛の海戦

　中華人民共和国成立後、国民党軍は大陸沿海地区に対する襲撃攪乱と破壊を続けた。人民解放軍海軍は設立後から以下のとおり一連の海戦を行ってきた。1950～52年、陸軍と連携して万山諸島(マンシャン)・嵊泗列島(ションスー)などの島嶼を相次いで解放。1953年5月、陸軍と合同で浙江省沿海の大鹿山・小鹿山・羊嶼・鶏冠山などの島嶼を占領。1954年5月、東磯列島を解放。1955年1月、一江山島解放戦役に参戦し、国民党海軍の「太平号」を撃沈、「宝応号」に重大な損傷を与えた。1958年、金門砲撃に参戦して、多くの海戦を行い、国民党海軍の「台生号」と「沱江号」を撃沈、「中海号」に重大な損傷を与えた。

　1960年代初め、台湾の国民党当局は大陸の経済的混乱に乗じて、「大陸反攻」活動を強め、「武装潜入部隊」「水陸両面奇襲作戦部隊」「海上ゲリラ部隊」「心理作戦部隊」などを次々に組織し、さまざまな方法で大陸沿海地区を武装襲撃し攪乱した。人民解放軍海軍は何度も海戦を行いこれに反撃した。1965年、「八・六」海戦[注24]において、国民党海軍の「剣門号」と「章江号」を撃沈した。同年11月13日に、崇武(すうぶ)以東海戦〔福建省の崇武半島以東海域の海戦〕で、国民党海軍の「永昌号」を撃沈、「永泰号」に損傷を与えた。これらの海戦により大陸沿海地区の安全を防衛し、国民の経済建設と平和な生活を守った。

大陸沿海地区の安全防衛海戦

- 1950〜52年、陸軍と連携して万山諸島・嵊泗列島などの島嶼を相次いで解放。

↓

- 1953年5月、陸軍と合同で浙江省沿海の大鹿山・小鹿山・羊嶼・鶏冠山などの島嶼を占領。

↓

- 1954年5月、東磯列島を解放。

↓

- 1955年1月、一江山島解放戦役に参戦し、国民党海軍の「太平号」を撃沈、「宝応号」に重大な損傷を与えた。

↓

- 1958年、金門砲撃に参戦して、多くの海戦を行い、国民党海軍の「台生号」と「沱江号」を撃沈、「中海号」に重大な損傷を与えた。

↓

- 1965年、「八・六」海戦で、国民党海軍の「剣門号」と「章江号」を撃沈。

↓

- 1965年11月13日、崇武以東海戦で、国民党海軍の「永昌号」を撃沈、「永泰号」に損傷を与えた。

9.8 中印国境自衛反撃戦〔中印国境紛争〕

　中国とインドには 2000 km に及ぶ国境線があり、東・中・西の 3 区間に分かれ、歴史的にはいまだ正式に画定していないが、伝統的な慣習上の境界線が形成されている。その東部の「マクマホンライン」が中印国境紛争の焦点となった。同ラインは 1914 年にイギリスが中国政府の意に反し、インドのシムラ会議で「チベット独立」支持を餌にチベット地方政府と秘密裏に画定したもので、ライン自体が中国領土内にあり、中印東部の伝統的な慣習上の境界線より北の 9 万 km^2 余りの領土をイギリス領インド帝国に割譲したに等しい。1947 年にインドが独立し、イギリスが不法占領していた中国領チベットの一部国境地域を引き継いだ。1950 年に中国人民解放軍がチベットに進軍、インド政府は派兵してマクマホンライン以南、伝統的な境界以北の中国領土である中印国境の中部と西部の一部地域を不法に制圧した。1959 年 3 月、インド政府はチベットの武装反乱に乗じ、12.5 万 km^2 の中国領土をインドに併合する不当な要求を提示、中国政府に拒絶されると要求実現のために武力行使を開始、国境地域で流血の事態を頻発させた。中国政府は「互諒互譲[注25]」の原則に基づき、平和的交渉で中印国境問題を解決するために、1959 年 11 月に実効支配ラインより 20 km 後方へ両国部隊が即時撤退し武力衝突を回避するよう提案したが、インド政府は応じず、西部・東部国境への侵犯を強化した。1962 年 10 月 17、18 日にインド軍が中国の西部・東部国境を猛烈に砲撃して大規模な軍事衝突を惹起し、人民解放軍チベット・新疆駐留国境防衛部隊が反撃した。

　中印国境自衛反撃戦は 2 段階に分かれる。(1) 10 月 20 ～ 24 日。人民解放軍国境防衛部隊が東部国境で侵攻するインド軍を殲滅、西部では中国領土内のインド軍の拠点を一掃。24 日に中国政府は声明を発表して 3 項目の提案を行い、平和的交渉による中印国境問題の解決、実効支配ラインより 20 km 後方への両国武装部隊の撤退を要求したが、インド政府に拒絶された。(2) 11 月 14 ～ 21 日。14 日にインド軍が東部国境で大規模な進撃を開始、16 日に人民解放軍国境防衛部隊が自衛のための反撃を行い、各ルートから侵犯したインド軍を相次いで撃破、インド軍の侵略拠点を一掃し、伝統的慣習上の中印国境線付近まで追撃。21 日に中国政府が声明を発表し、人民解放軍国境防衛部隊の全面停戦を宣言、自主的に撤退し戦闘を終結させた。停戦後、中国政府は接収した武器弾薬その他軍用物資を自主的にインド側へ返還、捕虜全員を釈放した。

中印国境自衛反撃戦

1962年10月17、18日にインド軍が大規模な軍事衝突を惹起。

1962年10月20日、中国国境防衛部隊が命令を受け反撃。戦闘は2段階に分かれる。
(1) 10月20～24日。中国国境防衛部隊が東部国境で侵攻するインド軍を殲滅、西部で同軍が設立した拠点を一掃。24日に中国政府は国境問題の平和的解決を提案。
(2) 11月14～21日。14日インド軍が東部国境で再び大規模な進撃を開始。16日、中国国境防衛部隊が自衛のための反撃を行い、インド軍を伝統的慣習上の中印国境線付近まで追撃。21日、中国政府は国境防衛部隊の停戦を宣言、自主的に撤退し戦闘を終結させた。

停戦後、中国政府は接収した武器弾薬その他軍用物資を自主的にインド側へ返還、捕虜全員を釈放。

9.9　援越抗米〔ベトナム戦争〕

　1950年代初め、中国人民解放軍はベトナム支援軍事顧問団を派遣して、ベトナム人民の抗仏闘争を援助し、勝利させた。1955年にフランス軍がジュネーブ協定の規定に従いベトナムを撤退した後、アメリカはジュネーブ会議で採択されたインドシナ諸国〔ベトナム・カンボジア・ラオス〕の平和を回復させる協定に公然と違反し、軍事的支援の提供を手段として、この機に乗じて素早く南ベトナムに入り込んでフランス勢に取って代わり、サイゴン政権を支援してベトナムの南北統一を妨害、南ベトナムをアメリカの植民地および軍事基地にしようと企てた[注26]。1960年代中後期、アメリカは武装部隊を直接派遣してベトナムに侵攻し、ベトナム侵略戦争をエスカレートさせ続けた。1964年8月、アメリカは「トンキン湾事件」を捏造して、北ベトナムを爆撃し、地上部隊を派遣して南ベトナムに投入し参戦、アジア情勢の緊張を激化させ、中国の安全を深刻に脅かす局地戦争にベトナム戦争をエスカレートさせた。

　ベトナム政府の要請と中越両国政府および軍が締結した関連協定に基づき、中国共産党中央委員会と中央軍事委員会は1965年6月～1973年8月に相次いで防空・工兵・鉄道・掃海・後方勤務などの部隊、総勢32万人余りを派遣し、北ベトナムで防空作戦・国防建設工事・機雷掃討・後勤保障などの任務を執行した。さらに、中国は大量の兵器装備と軍需物資もベトナムに無償で提供し、ベトナム軍のために各レベル司令員と各種専門技術者を養成した。1968年5月13日、ベトナム・アメリカ両国政府はパリで会談を開始、11月1日よりアメリカ軍は北ベトナムへの爆撃と砲撃を停止した。中越両政府の合意を経て、中国人民解放軍の防空・工兵・鉄道・後方勤務などの部隊は1970年7月9日までにベトナムからすべて撤収した。1973年8月、海軍掃海工作隊がベトナム東北沿海における機雷掃討任務を完了し、ベトナムから撤収して帰国した。

援越抗米

1964年8月、アメリカは「トンキン湾事件」を捏造して、北ベトナムを爆撃し、地上部隊を派遣して南ベトナムに投入し参戦、中国の安全を脅かした。

↓

1965年6月〜1973年8月、中国は相次いで防空・工兵・鉄道・掃海・後方勤務などの部隊、合計32万人余りを派遣し、北ベトナムで防空作戦・国防建設工事・機雷掃討・後勤保障などの任務を執行し、大量の兵器装備と軍需物資をベトナムに無償で供与した。

↓

1968年11月1日よりアメリカ軍は北ベトナムへの爆撃と砲撃を停止した。

↓

1970〜73年に、中国人民解放軍の防空・工兵・鉄道・後方勤務・掃海などの部隊はすべて撤収した。

9.10 中ソ国境自衛反撃戦〔中ソ国境紛争〕

　中国とソ連には国境問題がずっと存在していた。中ソ両国の関係が友好的な時期は国境が比較的安泰だが、関係が悪化すると国境で衝突が頻発する。1964年以降、ソ連国境軍は武力挑発を絶えず行って流血の事態を引き起こし、1964年10月～1969年2月、ソ連国境軍が中ソ国境地域で惹起した各種の国境事件は4180件余りに達した。1969年3月上旬、珍宝島〔ダマンスキー島〕で再び大規模な軍事衝突が発生した。

　珍宝島は黒竜江省虎林県〔現、虎林市〕内に位置し、ウスリー川主要航路の中央線の中国側にあり、面積が $0.74\,\mathrm{km}^2$、中国領に属する。この島で中国の住民が代々漁業を営んできた。1967年1月～1969年2月にソ連国境軍が相次いで16回にわたり珍宝島に侵入し、中国住民の正常な経済活動と生活を妨害し、中国国境防衛部隊の正常なパトロール活動を阻止し、国境地帯の中国住民と国境警備兵を多数負傷させた。中国政府はソ連側に武装侵入行為を停止するよう強く要求したが、ソ連側はまったく聞き入れなかった。

　1969年3月2日、ソ連国境軍は70人余りを出動させ、装甲車と軍用車各2台に分乗して珍宝島の上流側と下流側の2方向から侵入、中国国境防衛部隊の警備兵を襲撃し、6名を殺傷した。中国国境防衛部隊はやむなく自衛のために反撃し、侵入したソ連軍を珍宝島から排除した。3月15日、17日にソ連国境軍はヘリコプター・戦車・大砲を後ろ盾に珍宝島に連続的な猛攻を仕掛けた。中国国境防衛部隊は奮起して反撃し、ソ連軍の進攻を撃退した。9月11日、中ソ両国が会談し、国境での衝突を緩和する臨時措置について合意した。これ以降、ソ連国境軍は中国国境内に対する射撃活動を次第に停止していった。

中ソ国境自衛反撃戦

1969年3月2日、15日、17日にソ連国境軍が中国の領土である珍宝島に武装侵入。中国国境防衛部隊はやむなく自衛のために反撃し、ソ連軍を珍宝島から排除。

↓

9月11日、中ソ両国が会談し、国境での衝突を緩和する臨時措置について合意。ソ連国境軍は中国国境内に対する射撃活動を次第に停止。

9.11　西沙海戦〔西沙諸島の戦い〕

　1974年1月、中国人民解放軍海軍南海艦隊の一部と陸軍分隊・民兵とが合同で、西沙〔パラセル〕諸島に侵入した南ベトナム〔ベトナム共和国〕軍に対し自衛反撃作戦を実施した。

　西沙諸島は古来より中国の領土であるが、長期にわたり外国の侵略者に絶えず占拠されてきた。まずフランスであり、次いで日本である。第二次世界大戦終結後、当時の国民党政府が日本に占領されていた西沙諸島・東沙〔プラタス〕諸島・中沙諸島〔スカボロー礁〕、南沙〔スプラトリー〕諸島を正式に接収した。中華人民共和国成立後は、中国政府が「西沙諸島は南沙諸島・中沙諸島・東沙諸島と同様に、いずれも中国の領土」という立場を何度も繰り返し表明してきた。1974年1月、南ベトナム当局は中国の「文化大革命」の動乱に乗じて、4隻の軍艦を相次いで西沙諸島内の永楽〔クレセント〕諸島海域に侵入させ、中国漁船を襲撃攪乱し、永楽諸島の甘泉〔ロバート〕島・金銀〔マネー〕島などを占領した。人民解放軍海軍は4隻の駆潜艇を永楽諸島海域に派遣し、中国漁船と島嶼を護衛した。説得も警告も効果がない状況で、1月19日に人民解放軍海軍は反撃を余儀なくされ、接近戦かつ短期戦で犠牲を恐れず勇敢に戦う大胆不敵な精神により、敵艦1隻を撃沈、3隻を損傷させる勝利を収め、南ベトナムに占領された永楽諸島を陸軍と合同で奪還した。

西沙海戦

1974年1月、南ベトナム当局は4隻の軍艦を相次いで西沙諸島内の永楽諸島海域に侵入させ、甘泉島・金銀島などを占領。

↓

人民解放軍海軍は4隻の駆潜艇を永楽諸島海域に派遣し、中国漁船と島嶼を護衛。

↓

1月19日、人民解放軍海軍は反撃を余儀なくされ、敵艦1隻を撃沈、3隻を損傷させ、南ベトナムに占領された永楽諸島を陸軍と合同で奪還。

9.12　中越国境自衛反撃戦〔中越戦争〕

　中国とベトナムの陸上国境線の全長は1300kmであり、中国清朝政府とフランス政府が1885～87年に条約により画定したものである。中華人民共和国とベトナム民主共和国成立後、双方ともにこの境界線を尊重する意向を表明した。1974年より、ベトナム当局は国境紛争を絶えず引き起こし、中国の領土を蚕食し始めた。1979年2月8～12日に、ベトナム軍は5日間連続で中国の広西チワン族自治区と雲南省の国境地帯を侵犯し、国境地域の住民と国境警備兵数十人を殺傷。1979年2月中旬、中国政府と党中央軍事委員会は、ベトナム軍の凶暴な挑発に対し自衛反撃作戦を実行することを決定した。

　1979年2月17日、中国国境防衛部隊は命令により広西チワン族自治区と雲南省でベトナム軍に対し自衛反撃作戦を開始し、中国の安全を脅かす軍事施設を粉砕し、鼻息荒いベトナム軍に打撃を与え、自衛反撃作戦の所期の目的を果たした。3月5日、中国政府は、「中国国境防衛部隊は全戦線で攻撃を停止し、撤収を開始する」との声明を発表。3月16日までに中国国境防衛部隊はすべて中国国境内に撤収した。中越国境自衛反撃戦は中国の領土主権と国境の安全を守った。

中越国境自衛反撃戦

1979年2月8～12日に、ベトナム軍は5日間連続で中国の広西チワン族自治区と雲南省の国境地帯を侵犯し、流血を伴う衝突を引き起こした。

↓

1979年2月17日～3月5日、中国国境防衛部隊は命令により自衛反撃作戦を実行し、所期の目的を果たした。

↓

3月5日、中国政府は攻撃を停止し国境防衛部隊の撤収を開始する声明を発表。3月16日までに中国国境防衛部隊はすべて中国国境内に撤収した。

10.1 遼東半島対上陸演習

　1955年11月3〜14日、中国人民解放軍総参謀部は遼東半島で陸海空3軍の参加による現代の諸条件〔核兵器や化学兵器の使用など〕を踏まえた当該方面軍対上陸演習を実施した。演習には陸海空3軍の師団以上の18の指揮機関および32の実戦部隊団〔複数師団からなる独立作戦部隊〕合計6万8000人余りが参加し、航空機200機余り、艦艇100隻余り、戦車200両余り、大砲1000門余りを投入。全軍809名の中級・高級幹部も部隊とともに演習作業および参観・見学を実施し、国防委員会の葉剣英副主席が総指揮を務めた。演習は3段階に分かれる。(1) 11月3日、海軍の上陸専門陸戦大隊による仮想敵軍「青軍」が上陸。(2) 11月4〜10日、対上陸戦の組織と準備。決断を下し、共同体制を組織し、戦闘計画を立案する演習。(3) 11月11〜14日、対上陸戦の実施。集団軍の対突撃戦と第二梯隊の機動を主に演習し、海岸防御および集団軍の対突撃戦と対空挺戦の実動演習を3回実施。彭徳懐国防部長が総括講話を行った。

　劉少奇・周恩来・鄧小平・彭徳懐・賀竜・陳毅・聶栄臻（じょうえいしん）などの党と国の指導者、人民解放軍各総部と各軍種・兵種の指導者、および地方の党・政府指導者とソ連・北朝鮮・ベトナム・モンゴルの軍事代表団が演習を観覧した。

　遼東半島対上陸演習は人民解放軍初の大規模な諸軍種・兵種合同演習であり、現代の諸条件を踏まえた部隊の対上陸作戦と指揮能力の向上に対し重要な意義があった。

遼東半島対上陸演習

1955年11月3～14日、中国人民解放軍総参謀部は遼東半島で陸海空3軍の参加による現代の諸条件を踏まえた当該方面軍対上陸演習を実施。

演習には陸海空3軍の師団以上の18の指揮機関および32の実戦部隊団、合計6万8000人余りが参加し、航空機200機余り、艦艇100隻余り、戦車200両余り、大砲1000門余りを投入。国防委員会の葉剣英副主席が総指揮を担当。

演習は3段階に分かれる。
(1) 11月3日、海軍の上陸専門陸戦大隊による仮想敵軍「青軍」の上陸。
(2) 11月4～10日、対上陸戦の組織と準備。決断を下し、共同体制を組織し、戦闘計画を立案する演習。
(3) 11月11～14日、対上陸戦の実施。集団軍の対突撃戦と第二梯隊の機動を主に演習し、海岸防御および集団軍の対突撃戦と対空挺戦の実動演習を3回実施。

遼東半島対上陸演習は人民解放軍初の大規模な諸軍種・兵種合同演習である。

10.2　全軍軍事競技大会

　1962年下期に党中央軍事委員会は全軍の戦備当番など担当部隊に常に訓練状態を保持し、戦闘準備状態にあるよう要請した。同年11月9～23日に総参謀部が全軍訓練工作会議を開催し、党中央軍事委員会の指示を徹底し、軍事訓練を大いに実施し、大衆的な軍事教練のうねりを巻き起こすべきであると強調。南京軍区第12軍のある連隊の軍事教練において郭興福副連隊長の訓練方法が極めて優れ、全軍の賛同により普及した。1964年1月3日、党中央軍事委員会は「全軍は郭興福の教育方法を学習する運動を直ちに巻き起こすべきである」という指示を下し、郭興福の教育法を学ぶよう呼びかけた。4月中旬、党中央軍事委員会が全軍による全面的な軍事訓練競技会実施を正式に決定。郭興福教育法の普及と拡大を推進することで模範を示し、軍事訓練の質の向上を図った。その後、全軍軍事訓練競技会準備委員会が設立され、競技会準備活動が全面的に繰り広げられた。

　1964年5月15日、総参謀部と総政治部が合同で「全軍軍事競技会問題に関する通知」を発表、全軍軍事競技会活動に対する基礎的企画を行った。7月7日、総参謀部・総政治部・総後勤部が合同で「中国人民解放軍1964年軍事競技大会の若干の問題の規定」を出し、軍事競技会の目的・方法・内容・選考の原則などについて全面的に段取りを策定した。総部の手配に基づき、各軍区は続々と軍事競技大会を組織した。1964年5月15、16日に毛沢東・劉少奇・朱徳・周恩来・鄧小平ら党と国の指導者が北京の西山・陽坊・十三陵で北京軍区と済南軍区の軍事訓練の成果をそれぞれ観閲した。軍区競技会を基礎に7月中旬より全軍の歩兵と各軍種・兵種が地区ごとに競技大会を開催し、12月までに全軍の競技大会がほぼ終了した。全軍競技大会は人民解放軍の大規模な軍事訓練活動であり、国防と軍隊の建設を促進した。

全軍軍事競技大会

1962年下期に党中央軍事委員会は、軍事訓練を大いに実施して、大衆的な軍事教練のうねりを巻き起こすよう要求。

↓

1964年4月中旬、党中央軍事委員会が全軍による全面的な軍事訓練競技会実施を正式に決定し、その後、全軍軍事訓練競技会準備委員会を設立。

↓

1964年5月15日、総参謀部と総政治部が合同で「全軍軍事競技会問題に関する通知」を発表、全軍軍事競技会活動に対する基礎的企画を実施。

↓

1964年7月7日、総参謀部・総政治部・総後勤部が合同で「中国人民解放軍1964年軍事競技大会の若干の問題の規定」を出し、軍事競技会の具体的業務に対し全面的に手配。

↓

総部の手配に基づき、各軍区は続々と軍事競技大会を組織。

↓

1964年5月15、16日に毛沢東ら党と国の指導者が北京軍区と済南軍区の軍事訓練の成果を観閲。

↓

1964年7月中旬より、全軍の歩兵と各軍種・兵種が地区ごとに競技大会を開催。

↓

1964年12月までに全軍の競技大会はほぼ終了。

10.3 華北軍事演習

　1981 年 9 月 14 ～ 18 日、党中央軍事委員会と総部の直接指導の下で、北京軍区が華北の某地で大規模な方面軍防御作戦演習を実施した。演習参加部隊は、陸軍の 1 軍司令部と 8 師団他 29 連隊、空軍の 2 空軍大隊と 3 空挺連隊およびその他の兵種部隊、合計 11 万人余りであり、戦車と装甲車 1300 両余り、大砲 1600 門余り、航空機 285 機などの装備を投入。演習に参加した部隊は「赤」と「青」の 2 軍に分かれ、対抗形式で現代戦争をシミュレーションし、仮想敵である「青軍」による戦車師団の進攻、空挺・対空挺、堅固な陣地防御、集団軍の司令機関による一部の実戦部隊を率いた対突撃戦という 4 つの科目を重点的に演習。演習の後に、盛大な閲兵式〔軍事パレード〕を挙行した。演習部隊の観閲と演習の観覧には鄧小平・胡耀邦・李先念ら党と国の指導者、中央国家機関と各省・自治区・直轄市の責任者、全軍の高級幹部・地方幹部、民兵など 3 万人余りが参加した。華北軍事演習は人民解放軍の方面軍による大規模な防御戦演習であり、人民解放軍の建設と戦備訓練活動を推進した。

華北軍事演習

1981年9月14～18日、北京軍区が華北の某地で大規模な方面軍防御作戦演習を実施。

↓

演習参加部隊：陸軍の1軍司令部と8師団他29連隊、空軍の2空軍大隊と3空挺連隊およびその他の兵種部隊、合計11万人余りと各種兵器・装備。

↓

演習内容：仮想敵である「青軍」による戦車師団の進攻、空挺・対空挺、堅固な陣地防御、集団軍の司令機関による一部の実戦部隊を率いた対突撃という4科目。

↓

演習後に、盛大な閲兵式を挙行。

11.1　1949年の建国式典閲兵式

　中国人民解放軍総司令の朱徳が閲兵司令員を務め、中央軍事委員会副参謀長・華北軍区兼平津〔北平と天津。北平は北京の旧称〕衛戍区司令員の聶栄臻が閲兵総指揮を務めた。下部に建国式典閲兵指揮所が設置され、第12兵団司令員の楊成武が同指揮所の主任を、華北軍区参謀長の唐延潔が副主任を務め、具体的な各種準備業務を担った。10月1日午後、建国式典において、毛沢東が「中華人民共和国中央人民政府公告」を読み上げた後に、閲兵式が開始され、朱徳は聶栄臻を従えて閲兵車に乗り、長安街に整列した海軍部隊、および陸軍の第199歩兵師団・第207独立師団・第4砲兵師団・第3戦車師団・第3騎兵師団により編成された12の方隊〔矩形陣の隊列〕を相次いで閲兵した。閲兵を終えると朱徳が「中国人民解放軍総部命令」を読み上げ、その後に分列式[注1]が開始された。聶栄臻が陸海空3軍の閲兵参加部隊を率いて東から西へ天安門の城楼前を通過し、党と国の指導者および各界人民代表の観閲を受けた。最初に天安門広場を通過し、観閲を受けたのは海軍部隊、次に歩兵師団・砲兵師団・戦車師団、最後が騎兵師団である。戦車師団が天安門広場に入った際に、人民空軍がそれぞれ2機編隊と3機編隊とで連続して天安門上空を飛行し、初めてその姿を披露した。建国式典の閲兵は、中華人民共和国成立時における初めての閲兵であり、新中国成立以降の国慶節〔建国記念日〕閲兵式のモデルとなった。

1949年の建国式典閲兵式

朱徳が閲兵司令員を務め、聶栄臻が閲兵総指揮を務めた。

↓

閲兵参加部隊には海軍部隊、陸軍の第199歩兵師団・第207独立師団・第4砲兵師団・第3戦車師団・第3騎兵師団により編成された12の方隊、空軍の空中梯隊〔部隊を縦長の梯形に配置した陣形〕がある。

↓

新中国成立以降の国慶節閲兵式のモデルとなった。人民空軍が初めてその姿を披露した。

11.2　抗米援朝戦争前後の 4 回の閲兵式

　1950 年の国慶節閲兵式：この閲兵は、朝鮮戦争がすでに勃発し、抗米援朝戦争開始直前という背景の下で行われた。朱徳が閲兵司令員、聶栄臻が閲兵総指揮を務めた。閲兵参加部隊は、陸軍部隊・砲兵部隊・華北軍区第 1 戦車旅団・華東軍区第 1 水陸両用戦車連隊・第 2 および第 3 騎兵師団・中央公安第 1 縦隊師団・海軍 1 個大隊・空軍 2 個飛行隊・民兵代表である。閲兵に参加した陸軍第 199 師団はこの後すぐに朝鮮の戦場に向かった。この閲兵は新中国成立後に天安門広場で挙行された 2 回目の国慶節閲兵式であり、中国人民志願軍の朝鮮出動作戦前の出征閲兵でもある。

　1951 年の国慶節閲兵式：朱徳が閲兵司令員、聶栄臻が閲兵総指揮を務めた。閲兵を受けた部隊には、南京軍事学院・第 6 高等歩兵学校・陸軍・海軍・空軍・砲兵・戦車学校・第 1 戦車旅団・第 1 および第 5 騎兵師団・空軍第 1 陸戦旅団・第 111 探照灯〔サーチライト〕連隊・民兵代表が参加し、合計 44 の方隊を編成した。探照灯部隊は国慶節閲兵式初参加である。

　1952 年の国慶節閲兵式：朱徳が閲兵司令員、聶栄臻が閲兵総指揮を務めた。閲兵を受けた部隊には、南京軍事学院・南京総合高等歩兵学校・石家荘高等歩兵学校・第 6 砲兵学校・長沙高等工兵学校・第 1 戦車学校・大連海軍学校・航空兵学校・陸軍・海軍・空軍・砲兵・戦車部隊・各大軍区の民兵代表などが参加し、合計 57 の方隊を編成した。

　1953 年の国慶節閲兵式：朱徳が閲兵司令員、中国人民解放軍副総参謀長の張宗遜が閲兵総指揮を務めた。閲兵を受けた部隊には、南京軍事学院・南京総合高等歩兵学校・信陽第 5 歩兵学校・張家口通信学校・北京第 6 砲兵学校・南京工兵学校・第 1 戦車学校・大連海軍学校・瀋陽空軍機械整備学校・歩兵・砲兵・装甲兵・騎兵・公安軍[注2]・総参謀部・軍楽団・軍委空軍[注3] などが参加し、合計 48 の方隊を編成した。この閲兵式は抗米援朝戦争で勝利を獲得した後の重大な閲兵である。

1950年の国慶節閲兵式

この閲兵式は中国人民志願軍の朝鮮出動作戦前の出征閲兵である。閲兵に参加した陸軍第199師団はこの後すぐに朝鮮の戦場に向かった。

1951年の国慶節閲兵式

探照灯部隊は国慶節閲兵式初参加である。

1952年の国慶節閲兵式

閲兵参加部隊は合計57の方隊を編成した。

1953年の国慶節閲兵式

この閲兵式は抗米援朝戦争で勝利を獲得した後の重大な閲兵である。

11.3　全面的正規化・現代化時期における 6 回の閲兵式

　1954 年の国慶節閲兵式：彭徳懐国防部長が閲兵総司令、華北軍区副司令員兼京津衛戍区司令員の楊成武が閲兵総指揮。閲兵参加部隊は初めて全軍から選抜され、兵器・装備の型式が初めて「ソ連製」に統一された。騎兵部隊の参加はこの回が最後。

　1955 年の国慶節閲兵式：彭徳懐が閲兵総司令、副総参謀長兼北京軍区司令員の楊成武が閲兵総指揮。27 の方隊と空中梯隊が閲兵を受けた。全軍に初めて階級が授与された後の最初の閲兵式。閲兵参加部隊は新たな軍服を着用し、人民解放軍の現代化し正規化した姿を披露した。

　1956 年の国慶節閲兵式：彭徳懐が閲兵総司令、楊成武が閲兵総指揮。29 の方隊と若干の飛行梯隊が閲兵を受けた。この閲兵式は雨の中で決行された。

　1957 年の国慶節閲兵式：彭徳懐が閲兵総司令、楊成武が閲兵総指揮。南京軍事学院・歩兵学校・砲兵学校・戦車学校・航空学校・海軍学校・水兵・公安軍・歩兵などの徒歩方隊、自動車化歩兵・空挺部隊・榴弾砲・高射砲・レーダー・探照灯などの車両方隊と空中梯隊が閲兵を受けた。公安軍の参加はこの回が最後。

　1958 年の国慶節閲兵式：彭徳懐が閲兵総司令、楊成武が閲兵総指揮。南京軍事学院・歩兵学校・砲兵学校・工兵学校・戦車兵学校・航空兵学校・海軍学校・水兵・歩兵などの徒歩方隊、自動車化歩兵・空挺部隊・高射砲・戦車などの車両方隊と空中梯隊が閲兵を受けた。この閲兵式は金門砲撃開始に際して行われた。

　1959 年の国慶節閲兵式：林彪国防部長が閲兵総司令、北京軍区司令員の楊勇が閲兵総指揮。15 個徒歩方隊・14 個車両方隊・6 個空中梯隊が参加し閲兵を受けた。新中国成立 10 周年の国慶節閲兵式。閲兵を受けた兵器・装備はすべて国産化。

　1960 年 9 月、党中央委員会と国務院は国慶節制度の改革を決定し、5 年ごとの「小慶〔小規模祝賀式典〕」と 10 年ごとの「大慶〔大規模祝賀式典〕」を実施し、「大慶」の際に閲兵式を行うこととした。その後、「文化大革命」とその他の原因により、24 年間にわたり国慶節閲兵式は行われなかった。

1954年の国慶節閲兵式

閲兵参加部隊が初めて全軍から選抜され、兵器・装備の型式が初めて「ソ連製」に統一された。騎兵部隊の参加はこの回が最後。

1955年の国慶節閲兵式

全軍に初めて階級が授与された後の最初の閲兵式。閲兵参加部隊は新たな軍服を着用。

1956年の国慶節閲兵式

この閲兵式は雨の中で決行された。

1957年の国慶節閲兵式

公安軍の参加はこの回が最後。

1958年の国慶節閲兵式

この閲兵式は金門砲撃開始に際して行われた。

1959年の国慶節閲兵式

新中国成立10周年の国慶節閲兵式。閲兵を受けた兵器・装備はすべて国産化。中国で自主製造し生産された第1世代主力戦車——59式中戦車を披露した。その後、24年間にわたり国慶節閲兵式は行われなかった。

11.4　改革開放後の3回の閲兵式

　1984年の国慶節閲兵式：1981年3月、鄧小平党中央軍事委員会副主席が「閲兵は軍隊訓練の強化に役立つ」と指摘し、同時に総参謀部が軍隊内部での閲兵の復活を決定。12月、党中央は1984年10月1日に新中国成立35周年国慶節閲兵式を挙行することを決定した。1983年11月、閲兵指導小組が設立され、楊得志総参謀長が組長に、秦基偉北京軍区司令員・洪学智後勤部長・何正文副総参謀長らが副組長に任じられ、北京軍区によって閲兵式部が設立された。1984年10月1日午前、中央軍事委員会の鄧小平主席が閲兵車に乗り秦基偉閲兵総指揮を従えて閲兵した。閲兵を受けたのは陸・海・空軍と第二砲兵部隊・中国人民武装警察部隊・民兵などで編成された42個地上方隊・4個空中梯隊で、今回すべての部隊が新しい軍服を着用。1959年以来初の国慶節閲兵式であり、当時の新中国で最大規模・最新装備・機械化レベル最高の閲兵を実施。中国人民解放軍第二砲兵が1966年の設立以来初めてその姿を披露し、高い関心を集めた。

　1999年の国慶節閲兵式：1999年10月1日午前、江沢民中央軍事委員会主席が閲兵車に乗り北京軍区司令員の李新良閲兵総指揮を従えて閲兵した。閲兵を受けたのは陸・海・空軍と第二砲兵・武装警察部隊・民兵・予備役部隊などで編成された17個徒歩方隊・25個車両方隊・10個空中梯隊。新中国成立50周年の盛大な閲兵式であり、大規模かつ強力な陣容で、優れた装備を披露した。陸軍航空兵・海軍航空兵・海軍陸戦隊・特殊警察・予備役部隊が初めて参加。第3世代主力戦車・空中給油機・第二砲兵の新型ミサイルなど40種余りの兵器・装備が初めてお目見えした。

　2009年の国慶節閲兵式：2009年10月1日午前、胡錦濤中央軍事委員会主席が閲兵車に乗り北京軍区司令員の房峰輝閲兵総指揮を従えて閲兵した。閲兵を受けたのは、陸・海・空軍と第二砲兵・武装警察部隊・民兵・予備役部隊などで編成された14個徒歩方隊・30個装備方隊・12個空中梯隊。新中国成立60周年の大規模な国慶節閲兵式であり、展示された装備はすべて中国が独自開発したものであり、そのうちの9割が初めてその姿を披露した。戦闘機初の女性パイロットも飛行に参加した。

1984年の国慶節閲兵式

鄧小平主席が閲兵車に乗り秦基偉閲兵総指揮を従えて閲兵。

↓

閲兵参加部隊はすべて新しい軍服を着用。当時の新中国で最大規模・最新装備・機械化レベル最高の閲兵式。第二砲兵が1966年の設立以来初めてその姿を披露した。

1999年の国慶節閲兵式

江沢民主席が閲兵車に乗り李新良閲兵総指揮を従えて閲兵。

↓

陸軍航空兵・海軍航空兵・海軍陸戦隊・特殊警察・予備役部隊が閲兵に初参加。第3世代主力戦車・空中給油機・第二砲兵の新型ミサイルなど40種余りの兵器・装備が初めてお目見えした。

2009年の国慶節閲兵式

胡錦濤主席が閲兵車に乗り房峰輝閲兵総指揮を従えて閲兵。

↓

戦闘機初の女性パイロットも飛行に参加した。

12.1　人民解放軍初の軍縮

　解放戦争後期、人民解放軍は急速に発展し強大になり、新中国成立後には兵員数が550万人余りに達していた。国の財政支出を減らし、限られた軍事費を海・空軍と特殊任務兵の強化に用いるために、1950年3月、毛沢東は全国の軍隊を再編し400万人に削減することを打ち出し、3月29日、総参謀部が再編・削減の具体案を提示した。

　5月16～31日、中央軍事委員会は会議を開催し、再編・復員作業の進め方を検討・策定し、全軍の総人数を400万人に縮小することを決定、空軍と海軍を充実させる必要性および大軍区の国防任務を踏まえて具体的配分案を確定した。その後、抗米援朝戦争の勃発により人民解放軍の規模は急速に拡大し、計画原案の150万人削減は完全な実現に至らず、却って兵員が増加し、1951年10月には総兵員数が627万9000人に達した。

　1951年10月9日、中央軍事委員会は、削減・再編に関する中国共産党中央政治局の決定に基づき、再編後の人数を300万人余りに確定した。11月中旬、中央軍事委員会が再編会議を開催し、再編の原則・内容・手順などの問題を検討・策定した。同年12月より全軍がこの計画に基づいて再編を進め、1952年10月末までに、総人数を約420万人に減少させた。内訳は、陸軍が合計376万5000人余りで全体の89.74％、海軍が合計12万6000人余りで3.01％、空軍が合計30万4000人余りで7.25％である。削減された人員は、(1) 公安部隊〔武装警察の前身〕に転属 (2) 工兵部隊や駐屯開拓部隊〔農地開墾と国境警備担当〕に転属 (3) 故郷に帰り生産に従事 (4) 地方の配属先に異動となった。

人民解放軍初の軍縮

新中国成立後、軍の総兵員数は550万人余りに達していた。国の財政支出を減らし、限られた軍事費を海・空軍と特殊任務兵の強化に用いるために、1950年3月、毛沢東は全国の軍隊を再編し400万人に削減することを打ち出した。

↓

1950年5月、中央軍事委員会は会議を開催し再編の具体的配分案を確定。その後、抗米援朝戦争の勃発により人民解放軍の規模は急速に拡大、1951年10月には総兵員数が627万9000人に達した。

↓

1951年11月中旬、中央軍事委員会が軍の再編会議を開き、再編の原則・内容・手順などの問題を検討・策定した。同年12月より全軍がこの計画に基づいて再編を進め、1952年10月末までに、全軍の総人数を約420万人に減少させた。

↓

削減された人員：(1) 公安部隊に転属 (2) 工兵部隊や駐屯開拓部隊に転属 (3) 故郷に帰り生産に従事 (4) 地方の配属先に異動。

第12章 新中国成立後の数次にわたる重大な軍備縮小

12.2　第1次大規模軍縮

　抗米援朝戦争終結後、国の業務の重点は経済建設分野へシフトし、人民解放軍は全面的現代化・正規化に突入、さらなる削減が求められた。1953年8月28日、党中央委員会は、軍事系統の再構築、機構の簡素化と余剰人員の削減を求め、部隊の質的向上を基礎とした軍事費支出縮減を打ち出した。それに続いて、全国軍事系統の党高級幹部会議で「組織と編成に関する概要報告」が承認され、人民解放軍の大規模な削減・再編を実施し、全軍の総人数を350万人とすることを決定した。全軍の削減・再編作業は1954年4月より開始し1955年末に完了、合計約23%の人員を削減した。これと同時に、海軍、空軍、および陸軍内の砲兵・装甲兵・工兵などの技術兵種は増強された。

　1957年1月7～27日、党中央軍事委員会は北京で拡大会議を開催し、「兵員数削減と軍の質的強化に関する決定」を可決し、兵員数を383万人から250万人以下に3分の1削減することを決定、従来の陸・海・空・防空・公安の5軍種を陸・海・空の3軍種に改編するとした。その後、全軍で計画的に段階を踏んで削減・再編業務を開始。1958年に、人民解放軍は8総部体制から3総部体制に戻り、5軍種から3軍種に改編、全軍総兵員数を237万人に縮小した。内訳は、空軍が全軍総兵員数の12.3%、海軍が5.8%、砲兵が4.8%、装甲兵が2.3%、工兵が2.5%、化学防護兵が0.3%、通信兵が0.9%、鉄道兵が3.2%である。軍の機関は簡素化され、海・空軍の割合および陸軍内の各技術兵種の割合が増強された。

第1次大規模軍縮

1953年、全国軍事系統の党高級幹部会議で大規模な削減・再編を実施し、全軍の総人数を350万人とすることを決定した。

削減・再編作業は1954年4月より開始し1955年末に完了、合計約23%の人員を削減した。海軍、空軍、および陸軍内の砲兵・装甲兵・工兵などの技術兵種は増強された。

1957年1月、党中央軍事委員会拡大会議で兵員数を383万人から250万人に3分の1削減することを決定した。

1958年に、人民解放軍は8総部体制から3総部体制に戻り、5軍種から3軍種に改編、全軍総兵員数を237万人に縮小した。軍の機関は簡素化され、海・空軍の割合および陸軍内の各技術兵種の割合が増強された。

12.3 スリム化による軍縮

　1960年以降、中国を取り巻く安全保障情勢が厳しさを増し、米ソ両超大国の脅威に直面。党中央と毛沢東は「早期戦・大規模戦・核戦争に備える」戦略思想を確立し、人民解放軍が臨戦態勢に入り、部隊が拡大され、1966年には総兵員数が437万人に達した。「文化大革命」期間はその影響で定員が著しく超過、1975年には抗米援朝戦争時の最高兵員数に達し、中でも機構の重複、機関・支援部隊・非戦闘員の多さ、幹部の定員超過などの問題が深刻化した。

　1975年7月14日、鄧小平が党中央軍事委拡大会議で、軍を再編し戦争に備えるという思想を提示し、同会議で軍の3方面からの再編が確定した。(1)「スリム化」。体制・編制を調整し、3年以内に総兵員数を160万人削減。(2) 各級指導部の調整。(3) 部隊全体の戦闘能力向上。8月7日、中央軍事委員会が総政治部の「定員超過幹部の配置に関する方案」を承認、9月には指示を添えて総参謀部の「軍定員の圧縮、体制・編制の調整方案」を送付し、削減・再編作業が全軍で展開された。この法案では、3年以内に全軍の編成定員を610万人から450万人に圧縮予定だったが、鄧小平の三度目の失脚により、中止を余儀なくされ、全軍総兵員数は529万9000人にしか減少されなかった。

　1978年1月18日、党中央軍事委員会は「軍の体制・編制に関する調整方案」を下達し、1975年に確定した削減・再編の方針・原則・措置を軍が引き続き執行し、体制と編制を調整することを求め、全軍がこれに応じた。各大機関・軍種・兵種が改革と調整を行ったにも関わらず、1979年の中越国境自衛反撃戦勃発により、全軍が中央軍事委員会の指示で拡大され、軍の「スリム化」問題は未解決のまま、総人数が602万4000人に再び増加した。

　1980年3月の中央軍事委常務委員会拡大会議は「現在の軍の体制・編制は現代的作戦要件に適さず、改革すべき」との認識を示し、同年8月15日、党中央が「軍の削減・再編に関する方案」を公布し実施。その原則は機関の簡素化、軍定員の圧縮、支援部隊と非戦闘人員の削減で、1980年第4四半期より開始して1981年末に概ね完了し、軍隊総兵員数を450万人に減らし、「スリム化」問題を一応解決した。1982年9月、中央軍事委員会は「軍隊体制改革削減再編方案」を承認し、軍の体制に対し大規模な改革を行い、1984年までに全軍総兵員数は400万人に減少した。

スリム化による軍縮

1960年以降、党中央と毛沢東は「早期戦・大規模戦・核戦争に備える」戦略思想を確立し、人民解放軍が臨戦態勢に入り、部隊が拡大された。1966年に総兵員数が437万人になり、1975年にはすでに610万人に達していた。

↓

1975年7月、党中央軍事委員会拡大会議で軍を「スリム化」し、体制・編制を調整することが確定。9月に中央軍事委員会が3年以内に全軍の総兵員数を610万人から450万人に圧縮することを決定。

↓

1979年の中越国境自衛反撃戦勃発により、中央軍事委員会の指示で全軍が拡大され、軍の「スリム化」問題は未解決のまま、総人数が602万4000人に再び増加。

↓

1980年8月、党中央は「軍隊の削減・再編に関する方案」を公布し実施、全軍が削減と再編を開始。1981年末までに450万人に減少し、「スリム化」問題を一応解決した。

↓

1982年9月、中央軍事委員会が再び部隊の削減を決定し、1984年までに全軍総兵員数は400万人に減少した。

12.4　100万人規模の大軍縮

　1984年11月、鄧小平は中央軍事委員会座談会で、中国を取り巻く安全保障情勢に対し判断を下し、世界大戦は当面の間回避でき、世界平和の維持が期待されるとの認識を示し、軍にさらなる100万人の削減を求めた。1985年5～6月、中央軍事委員会拡大会議は、軍隊建設を「早期戦・大規模戦・核戦争に備える」ことに立脚した臨戦態勢から平和な時代における建設路線に転換し、軍に対し重大な改革を行うことを決定し、「軍体制改革、削減・再編方案」を可決した。7月11日、党中央・国務院・中央軍事委員会はこの方案を承認し通達した。同削減・再編任務は、(1) 兵員定数の削減、全軍の総兵員数を100万人削減 (2) 体制・編制の改革である。削減・再編作業は2段階に分かれる。第1段階は、1985年下期より開始された、総部・国防科学技術工業委員会・大軍区・海軍・空軍・第二砲兵の機関およびその直属単位、陸軍・海軍・空軍・第二砲兵の所属部隊、軍事学院、政治学院、後勤学院、省軍区の再編。第2段階は、1986年の大学等高等教育機関、後勤保障部門などの再編。削減・再編を経て、1987年末までに全軍総兵員数は400万6000人から305万人に減少したが、人数の削減だけでなく、体制・編制の改革においても大きな進展があった。全軍の体制面での改革は70項目以上あり、長年にわたり解決できなかったいくつかの問題が解決された。

100万人規模の大軍縮

1984年11月、鄧小平は中国を取り巻く安全保障情勢に対し判断を下し、世界大戦は当面の間回避でき、軍隊は100万人削減すべきとの認識を示した。

↓

1985年5～6月、中央軍事委員会が「軍隊体制改革、削減・再編方案」を可決。

↓

削減・再編任務：
（1）兵員定数の削減、全軍の総兵員数を100万人削減。
（2）体制・編制の改革。

↓

削減・再編作業は2段階に分かれる。第1段階は、1985年下期より開始、各大機関を再編。第2段階は、1986年に大学等高等教育機関、後勤保障部門などを再編。

↓

1987年末までに全軍総兵員数は400万6000人から305万人に減少。

12.5　新たな軍事変革に適応する軍縮

　1990年代、国際情勢と戦争の形態に変化が生じ、新軍事革命とハイテク戦争が世界の軍事分野に重大な変革をもたらした。1993年1月、江沢民は中央軍事委員会拡大会議を主催し、新時代の軍事戦略方針を確立した。人民解放軍に「二つの根本的転換[注1]」を実現させ、ハイテク条件下の局地戦争に勝利するために、中央軍事委員会は軍の体制・編制に対する調整と改革の実施を決定した。1995年12月14日、中央軍事員会は全軍の体制・編制の調整と改革研究指導小組の設置を決定し、「『九五』期間〔1996～2000年の第9次五か年計画期間〕軍隊組織編制建設計画」を検討した。1996年1月12日、同計画が全軍に通達された。中央軍事委員会は、3年以内に全軍の総人数を300万人から250万人に圧縮する50万人の削減を決定。これに基づき、総参謀部は全軍の体制・編制を3段階に分けて調整する計画を立案した。1998年下期には機関と部隊で、1999年上期には装備・後勤保障部門で調整と削減を完了し、かつ教育・訓練機構の調整改革案を提出、同年下期に教育・訓練機構などその他の部門の削減と事後処理を完了。1999年に全軍で50万人の削減任務を完了した。

新たな軍事変革に適応する軍縮

1990年代、世界の軍事分野に重大な変革が発生。1993年1月、中央軍事委員会拡大会議にて新時代の軍事戦略方針を確立し、軍の体制・編制に対する調整と改革の実施を決定。

↓

1995年12月、中央軍事委員会は、3年以内に全軍の総人数を300万人から250万人に圧縮する50万人の削減を決定。

↓

全軍の削減は3段階に分かれる。1998年下期には機関と部隊で、1999年上期には装備・後勤保障部門で調整と削減を完了し、かつ教育・訓練機構の調整改革案を提出、同年下期に教育・訓練機構などその他の部門の削減と事後処理を完了。

↓

1999年に全軍で50万人の削減任務を完了。

12.6　構造を最適化する軍縮

　20世紀末から21世紀初頭における数次の戦争は、情報化レベルがますます向上し、戦争の形態を機械化戦争から情報化戦争へと転換させ、世界の各主要国はいずれも情報化を新世紀における軍の現代化建設の主たる目標としている。このことは、人民解放軍の現代化建設に対しより高い要求を提示した。2000年末に、中央軍事委員会は「我が軍の機械化建設と情報化建設という二重の歴史的任務を成し遂げるよう努める」ことを全軍に要求した。2002年8月、中央軍事委員会は常務会議を開催し、第10次五か年計画期間〔2001～2005年〕における体制・編制の再調整を打ち出した。2003年6月23日に同委員会は「2005年までの軍の体制・編制の調整・改革総合方案」を書面で通達し、改革の主要任務は規模の圧縮、体制の改革、構造の最適化、編成の調整、制度の完備であり、編成構造の面から軍の戦闘力を向上させることを明確に打ち出し、また、2005年までに軍の定員を20万人削減することを決定した。

　2003年7月、全軍の体制・編制の調整と改革が以下のとおり全面的に展開された。(1)規模の圧縮、陸軍の兵力削減、全体に占める海軍・空軍・第二砲兵の比率の引き上げ (2)機関・直属部門の簡素化 (3)軍種・兵種内部編成の最適化 (4)指導・指揮体制の改革と整備 (5)陸海空3軍が一体となった聯勤〔連合後方勤務〕保障体制[注2]の着実な実現 (6)将校と兵士の配置比率の改善 (7)大学等高等教育機関の体制・編制の調整。この調整により全軍合計15か所の大学などが削減された。2005年末までに全軍で体制・編制の調整・改革案が決定した任務を完了し、予定通り20万人を削減し、軍の総兵員数を230万人に減少させた。

構造を最適化する軍縮

2002年8月、中央軍事委員会は第10次五か年計画期間における体制・編制の再調整を打ち出す。

↓

2003年6月、中央軍事委員会は2005年までに軍の定員の20万人削減を決定。

↓

2003年7月、全軍の体制・編制の調整と改革を全面的に展開。

↓

2005年末までに全軍で体制・編制の調整・改革案が決定した任務を完了、予定通り20万人を削減、軍の総兵員数は230万人に減少。

13.1　全軍初の階級制度実施

　1954年12月に開催された党中央軍事委員会拡大会議で、1955年より全軍で階級制度を実施することを決定。1955年1月23日に中央軍事委員会は「階級評定作業に関する指示」と「勲章・褒章の授与作業に関する指示」を正式に公布し、階級制度の実施と勲章・褒章の授与の意義・目的・評定手順・範囲・基準・決裁権限などを明確に規定した。2月8日、第1期全人代常務委員会第6回会議で「中国人民解放軍将校服務条例」が可決され、国家主席により公布、施行された。本条例は将校を現役と予備役に分けて規定し、専門性に応じて指揮・政治・技術・軍需・軍委・獣医・軍法・行政など8種類に分ける。将校の階級は以下の4等14級である。元帥：中華人民共和国大元帥・元帥。将官：大将・上将・中将・少将。校官〔佐官〕：大校・上校・中校・少校。尉官：大尉・上尉・中尉・少尉。

　1955年3月、全軍で階級評定作業を実施、9月23日に第1期全人代常務委員会第22回会議で周恩来国務院総理の提案を審議し、朱徳・彭徳懐・林彪・劉伯承・賀竜・陳毅・羅栄桓・徐向前・聶栄臻・葉剣英に中華人民共和国元帥の階級を授与し、朱徳ら131人に一級八一勲章、117人に一級独立自由勲章、570人に一級解放勲章を授与することを決定した。

　9月27日、北京市中南海の懐仁堂で元帥の階級授与式典が盛大に挙行され、全人代常務委員会副委員長兼秘書長の彭真が階級・勲章授与命令を読み上げ、毛沢東国家主席が上記十大元帥に任命証を授与し、朱徳ら中国革命戦争で功績のあった者に一級八一勲章・一級独立自由勲章・一級解放勲章を授けた。同日、中南海で将官の階級授与式典が挙行された。習仲勲国務院秘書長が命令を読み上げ、周恩来総理が大将・上将・中将・少将のために任命証を授与した。大将は粟裕・徐海東・黄克誠・陳賡・譚政・蕭勁光・張雲逸・羅瑞卿・王樹声・許光達の10名、上将は55人、中将は175人、少将は800人に授与された。その後さらに追加され、1965年までに合計で上将は57人、中将は177人、少将は1360人に授与された。1965年5月に第3期全人代常務委員会第9回会議で「中国人民解放軍階級制度廃止に関する決定」が討議の上可決され、これにより10年間実施した軍の階級制度が終了した。

全軍初の階級制度実施

1955年2月8日、第1期全人代常務委員会第6回会議で「中国人民解放軍将校服務条例」が可決され、将校の階級を以下の4等14級に規定した。
元帥：大元帥・元帥
将官：大将・上将・中将・少将
校官〔佐官〕：大校・上校・中校・少校
尉官：大尉・上尉・中尉・少尉

1955～1965年　中国人民解放軍将校階級肩章〔口絵参照〕

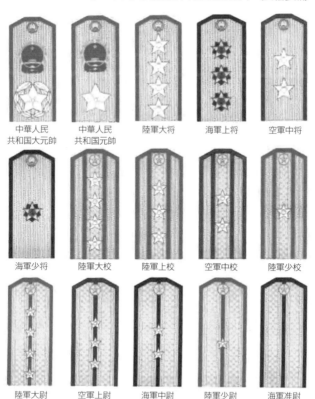

第13章　新中国成立後の軍隊階級制度

13.2 新たな階級制度の実施

　1982年初めに党中央軍事委員会常務会議が軍の階級制度復活を決定。1983年5月、階級復活指導小組を設置。1986年下期に中央軍事委員会常務会議は「階級制度復活」の再提案ではなく、「新階級制の実施」を決定した。1987年12月30日、中央軍事委員会は1988年の国慶節〔10月1日、建国記念日〕に新たな階級制度の実施を決定。1988年1月16日、全軍階級制度実行指導小組が設置された。7月1日、第7期全人代常務委員会第2回会議で「中国人民解放軍将校階級条例」が可決され、国家主席により公布・施行された。本条例は現役将校の階級を以下の3等11級に規定。将官：一級上将・上将・中将・少将。校官〔佐官〕：大校・上校・中校・少校。尉官：上尉・中尉・少尉。さらにこの会議では、「軍退役幹部への中国人民解放軍勲功栄誉章授与に関する規定」も可決された。

　1988年7月30日、中央軍事委員会は北京で勲章授与式を盛大に挙行し、蕭勁光ら843人に中国人民解放軍一級紅星勲功栄誉章、汪栄華ら3704人に中国人民解放軍二級紅星勲功栄誉章、賀進恒ら4万7914人に中国人民解放軍独立勲功栄誉章、鄧兆祥ら3万1519人に中国人民解放軍勝利勲功栄誉章を授与した。

　同年9月14日、中央軍事委員会は中南海の懐仁堂にて上将階級授与式を盛大に挙行、楊尚昆中央軍事委員会副主席が、鄧小平中央軍事委員会主席の署名した上将階級授与命令を読み上げた。上将の階級を授与されたのは次の17名である。洪学智・劉華清・秦基偉・遅浩田・楊白冰・趙南起・徐信・郭林祥・尤太忠・王誠漢・張震・李徳生・劉振華・向守志・万海峰・李耀文・王海。9月16日以降、全軍の大部門ごとにそれぞれ階級授与式を挙行した。10月1日、人民解放軍は新階級制度を正式に実施し、合計で将官階級は1452人、校官階級は18万人余り、尉官階級は40万5000人に授与された。全軍の将兵が新しい階級章付き軍装の着用を開始した。

新たな階級制度の実施

1988年7月、第7期全人代常務委員会第2回会議で「中国人民解放軍将校階級条例」が可決され、現役将校の階級を以下の3等11級に規定。将官：一級上将・上将・中将・少将。校官〔佐官〕：大校・上校・中校・少校。尉官：上尉・中尉・少尉。さらに「軍退役幹部への中国人民解放軍勲功栄誉章授与に関する規定」も可決された。

1988年階級授与時の中国人民解放軍将校階級肩章〔口絵参照〕

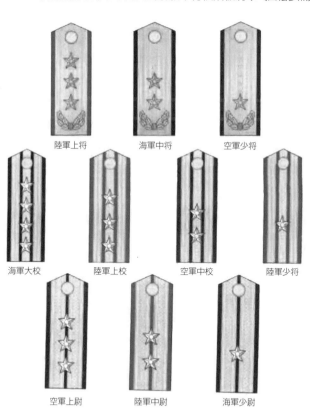

図解 現代中国の軌跡 中国国防

14.1 国防科学技術工業体系の形成と発展

　新中国成立時、中国の軍需産業企業は少なく、修理組立と小ロット生産事業のみで、兵器・装備の研究開発と生産能力はなかった。これを踏まえ、中央政府は自前の国防工業を発展させることを決定した。1951年、既存の軍需産業企業を調整・再編して、弾薬の製造、航空機およびその他兵器・装備の修理を可能にすることで、抗米援朝戦争の需要を満たした。1953年、中央政府は以下の大規模な国防工業建設の展開を決定した。(1) 国防工業建設計画の策定。第1次五か年計画期間〔1953～1957年〕に制式兵器[注1]の試作と製造任務、および航空機・戦車・艦艇の修理と一部の製造任務を完了し、国防工業の立ち遅れた現状を概ね改善。第2次五か年計画期間〔1958～1962年〕に国防先端技術を重点的に発展させ、科学研究・設計機関を設立し、兵器・装備の現代化を実現。(2) 重点建設プロジェクトの配置。1953年5月、中国とソ連は援助協定を締結。ソ連の援助で新設・改設された156のプロジェクトのうち、3分の1が航空・兵器・無線・造船などの国防工業プロジェクトであり、国防工業と密接な関係があるエネルギー・交通・鉄鋼・非鉄金属・重機・化学工業などの基幹産業建設プロジェクトも3分の1を占めた。(3) 建設資金の保証。新中国成立から1959年までに、国は兵器・航空・艦艇・無線および原子力・ミサイルの各産業に対し合計数十億元の基本建設資金を投入。(4) 経営幹部と技術力の配置による国防工業の充実。1959年末までに新中国は、主に瀋陽・北京・太原・西安・成都・重慶・蘭州などの都市に集中して大中型企業100社余りを設立し、兵器産業・航空産業・造船業・無線産業などの国防工業体系を概ね形成し、陸海空3軍の兵器・装備を複製および製造する能力を備えた。それと同時に、中国はミサイルと核兵器の研究も開始した。

　1960年前後に、中国はミサイル・核兵器・航空・艦艇・電子工学など、一連の科学研究機関および兵器・装備実験基地を組織し、「両弾一星〔核爆弾と導弾（ミサイル）および人工衛星の開発〕」プロジェクトを完了、通常兵器・装備の品質水準を向上させ、原子力産業を確立し発展させた。1970年代以降には宇宙産業も発展させ、兵器産業・航空産業・艦船産業・電子産業・原子力産業・宇宙産業・軍需産業などがすべて揃った国防科学技術工業体系が形成された。

国防科学技術工業体系の形成と発展

1953年、中央政府は以下の大規模な国防工業建設を決定した。
(1) 国防工業建設計画の策定。第1次五か年計画期間に国防工業の立ち遅れた現状を概ね改善。第2次五か年計画期間に国防先端技術を重点的に発展させ、科学研究・設計機関を設立し、兵器・装備の現代化を実現。
(2) 重点建設プロジェクトの配置。航空・兵器・無線・造船などの国防工業プロジェクト、および国防工業と密接な関係があるエネルギー・交通・鉄鋼・非鉄金属・重機・化学工業などの基幹産業建設プロジェクト。
(3) 建設資金の保証。新中国成立から1959年までに、国は兵器・航空・艦艇・無線および原子力・ミサイルの各産業に対し合計数十億元の基本建設資金を投入。
(4) 経営幹部と技術力の配置による国防工業の充実。

↓

1959年末までに新中国は大中型企業100社余りを設立し、兵器産業・航空産業・造船業・無線産業などの国防工業体系を概ね形成し、陸海空3軍の兵器・装備を複製および製造する能力を備えた。

↓

1960年前後に、中国はミサイル・核兵器・航空・艦艇・電子工学など、一連の科学研究機関および兵器・装備実験基地を組織し、「両弾一星」プロジェクトを完了、通常兵器・装備の品質水準を向上し、原子力産業を確立し発展させた。

↓

1970年代以降には宇宙産業を発展させ、兵器産業・航空産業・艦船産業・電子産業・原子力産業・宇宙産業・軍需産業などがすべて揃った国防科学技術工業体系が形成された。

14.2　陸軍装備の発展

　陸軍装備は一般的に軽火器装備〔歩兵部隊の装備〕・砲兵装備・防空兵装備・装甲兵装備・陸軍航空兵装備・弾薬装備および工兵隊装備・化学防護装備・電子情報装備などを含む。

　新中国成立後、陸軍装備の発展は複製から自主開発へという過程をたどった。1950〜60年代に、中国は榴弾砲・高射砲・戦車・サブマシンガンなど多くの陸軍兵器・装備を複製して次々に部隊に配備し、陸軍兵器・装備の国産化を実現。1960年代以降、中国は陸軍兵器・装備の自前での設計・開発を開始。1980年代以降には砲兵・防空兵など各兵種の自動指揮システムを相次いで開発、絶えず改造しグレードアップした。さらに対戦車ミサイル・携帯式防空ミサイル・車載式防空ミサイル・地対地戦役戦術ミサイルなどの精密誘導兵器なども保有。火砲は自走化・装甲化へと発展し、装甲戦闘車両にはパワーエンジンが追加され、突撃性能が大幅に向上した。歩兵戦闘車・装甲兵員輸送車・水陸両用戦車などその他の装甲車両もより大きな発展を遂げ、比較的完備した装甲戦闘車両モデルの系列を形成した。1986年10月に人民解放軍陸軍航空兵が編成されたことで、一連の武装ヘリコプターや輸送機が発展、武装ヘリ「ガゼル」などを導入し、空対地直接支援装備を強化した。陸軍兵器・装備は多兵種体系を形成し、3軍合同作戦を実施する能力を概ね備えた。

陸軍装備の発展

1950～60年代、中国は榴弾砲・高射砲・戦車・サブマシンガンなど多くの陸軍兵器・装備を複製して、次々と就役させ、陸軍兵器・装備の国産化を実現。

↓

1960年代以降、中国は陸軍兵器・装備の自前での設計・開発を開始。

↓

1980年代以降、砲兵・防空兵など各兵種の自動指揮システムを開発し、絶えず改造しグレードアップ。さらに対戦車ミサイル・携帯式防空ミサイル・車載式防空ミサイル・地対地戦役戦術ミサイルなどの精密誘導兵器なども保有。

↓

1986年10月に人民解放軍陸軍航空兵が編成されると、一連の武装ヘリコプターや輸送機などが発展。

14.3　空軍装備の発展

　空軍装備は主に航空装備・地上防空装備・空挺装備・総合電子情報システム・地上支援装置などで構成される。人民解放軍空軍装備の基礎は主に東北老航校〔東北民主連軍航空学校の通称〕の旧式航空機と国民党空軍から接収した壊れた航空機や高射砲、レーダーなどの装備だった。新中国成立後、空軍装備は修理・技術導入・複製から自主開発へという過程をたどって発展した。1949年前後に中国はソ連から1000機（門）に上る複数タイプの航空機と高射砲を輸入し、1950年代半ばより、輸入装備の複製を開始。1954年7月、初めてソ連製Yak-18型初等練習機の複製に成功。1956年7月、ソ連製MiG-17F戦闘機を複製し、J-5 航空機と命名[注2]。次いでMiG-19C超音速戦闘機も複製、J-6航空機と命名して部隊に配備し、かなり長期間人民空軍の主力戦闘機となった。

　1960〜70年代に中国は複製と同時に自主開発も開始。1961年、CJ-6練習機を開発。その後、作戦機に対応するJJ-5・JJ-6・HJ-5練習機とJJ-7高等練習機を相次いで部隊に配備した。1963年に国産のZ-5ヘリコプターを配備。複製または開発したJ-7戦闘機、H-5・H-6爆撃機とHQ-1・HQ-2地対空ミサイルなど一連の新型航空装備と地上防空装備も次々に部隊に配備した。1969年に中国はQ-5攻撃機を自主開発し部隊に配備した。1980年代にはY-8航空機・J-8戦闘機・Z-9ヘリコプター・Z-8中型汎用ヘリコプター・PLシリーズ空対空ミサイルなど多数の次世代空軍装備を開発し、部隊に配備。

　21世紀に入り、空軍の主力装備は世紀を跨いで発展を遂げた。戦略的早期警戒能力がかつてないほど強化され、KJ-2000・KJ-200の2タイプの早期警戒管制機が部隊に配備された。H-6U・H-6Hなどの戦闘機は空軍の戦略攻撃・精密攻撃・長距離戦闘能力を大幅に向上させ、J-8F・J-10・J-11などの第3世代戦闘機が空中戦主力戦闘力となった。HQ-9・HQ-12の2タイプの国産防空ミサイルも次々に部隊に配備され、空軍の地上防空力の全体的装備構造をさらに最適化。空挺兵の武器装備は従来の小火器から機械化・情報化・自動化の方向へ急速に発展し、Y-7・Y-8航空機およびIL-76大型輸送機が次々に空軍に配備された。空軍レーダー装備はさまざまな任務遂行が可能な合同空中早期警戒探査システムを構築した。

空軍装備の発展

1950年代半ばより、輸入装備の複製を開始。1954年7月、初めてソ連製Yak-18型初等練習機の複製に成功。1956年7月、ソ連製MiG-17F戦闘機を複製し、J-5航空機と命名。1960年にMiG-19C超音速戦闘機を複製し、J-6航空機と命名。1966年にはMiG-21Fの複製に成功、J-7航空機と命名。

↓

1960～70年代に自主開発を開始。1961年、CJ-6練習機を開発、その後、対応するJJ-5・JJ-6・HJ-5練習機とJJ-7高等練習機を相次いで部隊に配備。1963年に国産のZ-5ヘリコプターを配備。さらに、H-5・H-6爆撃機とHQ-1・HQ-2地対空ミサイルを複製または開発。1969年に中国はQ-5攻撃機を自主開発し部隊に配備。

↓

1980年代、Y-8航空機・J-8戦闘機・Z-9ヘリコプター・Z-8中型汎用ヘリコプター・PLシリーズ空対空ミサイルを開発。21世紀初めには、KJ-2000・KJ-200の2タイプの早期警戒管制機、H-6U・H-6H戦闘機、J-8F・J-10・J-11などの第3世代戦闘機、HQ-9・HQ-12の2タイプの国産防空ミサイル、さまざまな任務を遂行可能な合同空中早期警戒探査システムを開発。

第14章 国防科学技術

14.4　海軍装備の発展

　海軍装備は主に艦艇・航空装備・兵器・陸戦隊装備・電子情報装備・総合支援装備で構成される。中国人民解放軍海軍装備の発展は修復・購入・複製・自主開発・モデルチェンジ・急速な発展という過程をたどり、複数兵種の装備で構成され、主力装備・電子情報装備・総合支援装備システムが組み合わされた海軍装備体系を形成している。1949～55年、海軍は草創期に、接収した旧式装備を調達・修復・改造し、民間船を徴用、ソ連の艦艇・航空装備および付帯兵器や装置を購入して、巡視艇・機帆船・上陸用舟艇・水輸送船などを自主建造した。1955年以降、雷撃型潜水艦・高速魚雷艇・フリゲート・駆潜艇などを自前で組み立て、次々に建造し、一定数の潜水艦・駆逐艦・高速魚雷艇・巡視艇・上陸用舟艇・戦闘機・雷撃機・水上機などとそれに対応する沿岸砲・高射砲を保有した。1956～65年、海軍は技術移転により03型通常動力型潜水艦・02型高速魚雷艇・04型駆潜艇・01型フリゲート・05型掃海艦を相次いで製造。31型・33型通常動力型潜水艦、21型・23型・24型高速ミサイル艇、25型・26型高速魚雷艇の複製と改良を成し遂げ、部隊に一括配備。62型高速巡視艇を自主開発して建造し、さらにガスタービン魚雷と艦対艦ミサイルも複製。1965年にはかなりの規模の艦艇・航空機および相応する付帯装備を保有。1966～80年、海軍装備は中型水上艦艇・中型潜水艦・原子力潜水艦の開発を重点にして発展し、第1世代の通常動力型潜水艦・原子力潜水艦・ミサイル駆逐艦・ミサイルフリゲート・駆潜艇・高速ミサイル艇・対艦ミサイル・魚雷などを相次いで開発、部隊に一括配備。海軍航空兵はJ-7・J-8・H-5・H-6などの航空機を装備した。中国はより整った海軍装備の科学研究工業体系を概ね確立し、潜水艦、中・小型水上艦艇、補助艦艇、海軍特殊作戦機、ミサイル、水雷・魚雷、電子情報装備および各種付帯設備を開発・生産する能力を備えた。また、潜水艦の原子力技術と潜水艦発射型戦略核ミサイル技術が大きく進展し、海上における戦略核反撃能力を概ね備えた。1980年代以降、海軍は第2世代の装備と改良型の潜水艦・駆逐艦・フリゲート・航空機を大量に建造し、第3世代の国産装備を開発し配備することで、海軍の近海防衛能力を大幅に向上させた。2001年、ウクライナの退役航空母艦「ヴァリャーグ」を購入し、中国初の空母「遼寧」に改修、2012年9月25日に正式就役させた。

海軍装備の発展

1955年以降、雷撃型潜水艦・高速魚雷艇・フリゲート・駆潜艇などを自前で組み立て、次々に建造。

↓

1956～65年、ソ連の技術移転により、03型通常動力型潜水艦・02型高速魚雷艇・04型駆潜艇・01型フリゲート・05型掃海艦を製造。1965年にはかなりの規模の艦艇・航空機および相応する付帯装備を保有。

↓

1950年代末と1960年代初めに、対潜フリゲートと掃海艦などを相次いで開発。1960年にミサイル駆逐艦の開発作業を開始、1971年12月、中型ミサイル駆逐艦が海軍戦闘序列に編入された。

↓

1980年代以降、第2世代の装備を大量に建造し、第3世代の装備を開発。

↓

2012年9月25日、中国初の航空母艦——中国人民解放軍艦艇「遼寧」（艦番号16）が正式就役。

14.5　軍用電子装備の発展

　軍用電子装備は主にレーダー・通信ナビゲーション・電子対抗手段・軍用コンピュータ・光電子装備および自動防空指揮システムなどを含む。

　中国の軍用電子装備は複製から自主開発に至り、兵器・装備の全体的システムを完成させた。ソ連の生産技術を導入することで、中国の電子工業は1950年代半ばからソ連の軍用電子装備を全面的に複製し始め、これにはVHF帯航空無線機およびその地上装置・戦車用無線機・陸上用HF送受信機・艦艇用通信機器・中距離警戒レーダー・高速魚雷艇搭載用捜索レーダー・火砲照準用レーダーなど、数十種類の陸海空3軍用通信装備がある。1950年代末に中国は、長距離対空警戒レーダーと海岸警戒レーダー、およびトランジスタ・真空管ヘテロダイン方式無線機の自主開発を開始した。1960年代半ばに、レーダー・通信ナビゲーション・軍用コンピュータなどの分野で、飛躍的な進展を遂げた。1963年に低空警戒レーダーと低空高度測定レーダーを自主開発し、軍用電子装備の第1世代から第2世代への移行を促進した。1965年には、一連の代表的なトランジスタ式電子計算機を相次いで開発。1970年代に軍用電子装備は自主開発の新段階に入り、ミサイル・人工衛星・各種通常兵器に組み合わせる電子装備と単独使用する軍用電子装備を開発。そのうちの、長距離警戒・誘導レーダー、有線搬送式通信機および無線多重通信装置、中・小規模IC式電子計算機などは、いずれもかなり高い技術水準に達し、大型モノパルス方式超遠距離追尾精測レーダー・大型フェーズドアレイ早期警戒レーダー・衛星通信地球局などの開発に成功した。1980年代以降、新型デバイス・新システム・新技術を採用した一連のより先進的な軍用電子装備を開発。レーダー・通信ナビゲーション・電子対抗手段・自動防空指揮システム・軍用コンピュータ・光電子装備などの分野においていずれも新たな発展が見られる。

軍用電子装備の発展

1950年代半ばからソ連の軍用電子装備を全面的に複製し始め、これにはVHF帯航空無線機およびその地上装置・戦車用無線機・陸上用HF送受信機・艦艇用通信機器・中距離警戒レーダー・高速魚雷艇搭載用捜索レーダー・火砲照準用レーダーなど、数十種類の陸海空3軍用通信装備がある。

↓

1950年代末に中国は長距離対空警戒レーダーと海岸警戒レーダー、およびトランジスタ・真空管ヘテロダイン方式無線機の自主開発を開始。

↓

1960年代半ばに、レーダー・通信ナビゲーション・軍用コンピュータなどの分野で、飛躍的な進展を遂げた。1963年に低空警戒レーダーと低空高度測定レーダーを自主開発し、1965年には、一連のトランジスタ式電子計算機を相次いで開発。

↓

1970年代に、ミサイル・人工衛星・各種通常兵器に組み合わせる電子装備と単独使用する軍用電子装備を開発。

↓

1980年代以降、新型デバイス・新システム・新技術を採用した一連のより先進的な軍用電子装備を開発。レーダー・通信ナビゲーション・電子対抗手段・自動防空指揮システム・軍用コンピュータ・光電子装備などの分野においていずれも新たな発展が見られる。

14.6　ミサイルと宇宙装備の発展

　1955年1月、中共中央書記処拡大会議で原子力事業の発展と原子爆弾の開発を決定。1956年以降、中国は地対地・地対空・空対空・対艦の4タイプのミサイル複製作業を開始、1960年11月、中国が複製したミサイル「東風1号」の発射に成功。1964年6月、自主設計した最初の中距離ミサイル「東風2号」の発射に成功。同年10月16日、初の原爆実験に成功。1966年10月27日、最初の核弾頭搭載型地対地ミサイルの発射に成功し、実戦配備可能な核ミサイル保有を表明。1967年6月17日には初の水爆実験に成功、核兵器開発の第2段階を突破。その後、長距離ミサイル・大陸間弾道ミサイル・固体燃料式潜対地ミサイル・固体燃料長距離地対地ミサイルなどの開発に相次いで成功。ミサイル技術の発展に伴い、宇宙技術も急速に発展。1970年、中国は1基目の人工衛星打ち上げに成功し、その後さらに10数基の衛星の打ち上げに成功。そのうち、1975年11月26日には科学探査・技術試験衛星を打ち上げ、衛星回収技術を確立。1981年1月8日、最初の通信実験衛星を打ち上げ、通信・放送・テレビ伝送の実験と試験運用に成功。その後、通信・ナビゲーション・観測・気象などを含む衛星の打ち上げ種類が増加。1981年に1基の運搬ロケットで3基の衛星を打ち上げ、1982年には潜水艦による運搬ロケット水中発射試験も実施。1990年代以降、中国は有人宇宙飛行技術が急速に発展し、1992年、有人宇宙飛行計画の3段階戦略目標を定めた。第1段階で有人宇宙飛行技術の画期的進展を実現。第2段階でランデブー・ドッキング、船外活動を実現し、宇宙実験室を設置。第3段階で宇宙ステーションを建設し、軌道上を長期間運行する有人の応用・実験宇宙基地を形成。1999年11月21日の無人宇宙船「神舟1号」打ち上げ成功後、神舟2号・3号・4号を順調に打ち上げた。2003年10月15日、神舟5号が初の有人宇宙飛行を実現。2005年10月12日、有人宇宙船「神舟6号」の打ち上げに成功。2008年9月25日に有人の「神舟7号」を打ち上げ、宇宙飛行士の宇宙遊泳を初めて実現。2011年9月29日、ドッキング目標機「天宮1号」の打ち上げに成功。同年11月1日に無人の「神舟8号」を打ち上げ、天宮1号との初ドッキングを実現。2012年6月16日に有人の「神舟9号」を打ち上げ、天宮1号との自動・手動ドッキングに成功。2013年6月11日に有人の「神舟10号」を打ち上げ、天宮1号との手動ドッキングに成功。

ミサイルと宇宙装備の発展

1955年、中央政府は原子力事業の発展と原子爆弾の開発を決定。1956年以降、地対地・地対空・空対空・対艦の4タイプのミサイル複製作業を開始。

↓

1960年11月、複製したミサイル「東風1号」の発射に成功。1964年6月、自主設計した最初の中距離ミサイル「東風2号」の発射に成功。同年10月16日、初の原爆実験に成功。1966年10月27日、最初の核弾頭搭載型地対地ミサイルの発射に成功。1967年6月17日に初の水爆実験に成功。

↓

その後、長距離ミサイル・大陸間弾道ミサイル・固体燃料式潜対地ミサイル・固体燃料式長距離地対地ミサイルなどの開発に成功。

↓

中国の宇宙技術が急速に発展し、1970年には1基目の人工衛星打ち上げに成功、その後さらに10数基の衛星の打ち上げに成功し、かつ衛星回収技術を確立。

↓

1981年、中国は最初の通信実験衛星を打ち上げた。その後、通信・ナビゲーション・観測・気象などを含む衛星の打ち上げ種類が増加し、1981年に1基の運搬ロケットで3基の衛星を打ち上げ、1982年には潜水艦による運搬ロケット水中発射試験を実施。

↓

1990年代以降、中国の有人宇宙飛行技術が急速に発展。1999年11月21日に無人宇宙船「神舟1号」打ち上げ成功後、神舟2号・3号・4号が相次いで打ち上げ成功。

↓

2003年10月15日、「神舟5号」が初の有人宇宙飛行を実現し、地球への帰還に成功。中国宇宙技術の大きな飛躍を実現した。その後、有人宇宙船「神舟6号」の打ち上げにも成功。

↓

2008年9月25日に有人の「神舟7号」を打ち上げ、宇宙飛行士の宇宙遊泳を初めて実現。

↓

2011年9月と11月に、「天宮1号」と「神舟8号」の打ち上げに相次いで成功し、初の無人宇宙ドッキングを実現。2012年6月に有人の「神舟9号」打ち上げに成功し、天宮1号との自動・手動ドッキング任務を完了。2013年6月11日に有人の「神舟10号」打ち上げに成功し、天宮1号との手動ドッキングに成功。

第14章 国防科学技術

15.1 軍事交流

改革開放以前、中国の軍事交流は社会主義友好国のみに限られ、多くが親善訪問と研修などだった。改革開放後は、中国の軍事交流と協力は全方位型で広範囲かつ多層的な軍事外交の局面を形成している。現在、中国は150か国余りと軍事関係を樹立し、100余りの在外公館に武官室を設け、中国に武官室を設置している国は98か国に及ぶ。人民解放軍による訪問団が毎年100近く組織され、国防大臣・3軍総司令官・総参謀長などが団長を務める50数か国の高官級代表団が訪中する。中国は米・ロ・独・英など22か国と防衛・安全保障協議メカニズムを構築し、ロシア・アメリカ・韓国などの国とホットラインを開設。いくつかの国と「国境地域軍事信頼醸成措置協定」および「国境地域兵力削減協定」を締結。上海協力機構[注1]、ASEAN地域フォーラム、ASEANと中日韓（10＋3）[注2]などの枠組みの下で、安全保障の多角的な対話と協力を積極的に展開。国防部定例記者会見制度を設け、多くの記者会見を開催。外国の軍事オブザーバーや中国駐在武官を軍事演習参観に招待し、40回余りの合同演習および訓練を20数か国と実施。

2001年9月、中米海上軍事安全協議メカニズム専門会議[注3]がグアムで開催され、中断していた中米軍事関係が回復。2002年10月、中米両国首脳が会談で両国軍の交流回復に合意。2003年10月、中国国防部長〔大臣に相当〕が7年ぶりに訪米。2005年10月と2006年7月、中米両国の軍指導者の相互訪問を実現。2006年6月、アメリカ軍の招きに応じ、中国は視察団をグアムに派遣しアメリカ軍の大規模軍事演習を参観、両国軍の理解と信頼を増幅させた。

2003年5月に日本の防衛庁長官が5年ぶりに中国を訪問。2003年4月と2004年3月にインドと中国の国防相が長年途絶えていた相互訪問を実現。

1997年以降、中ロ両国軍の総参謀部協議会合が毎年両国の首都で交互に開催され、両国軍の相互信頼を増強し、交流と協力を強固にする重要なメカニズムとなっている。2008年3月14日、中ロ両国の国防当局間にホットラインが開設された。

2003～08年、中国国防部は6年連続で複数の国の軍関係者を中国での軍事演習参観に招待し、訓練分野での中国と外国の軍隊の実務的な交流を強化した。

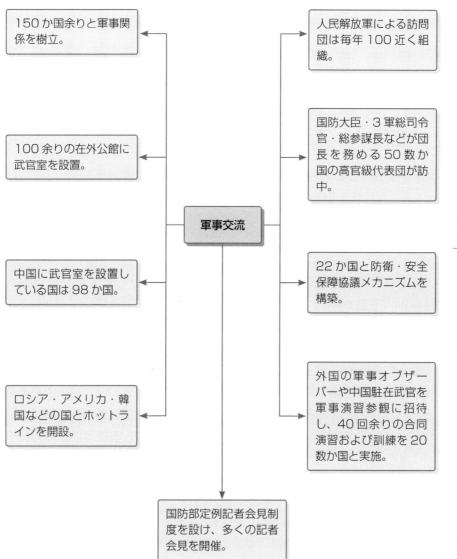

第15章　国際安全保障と協力

15.2 国連平和維持活動〔PKO〕への参加

　1988 年、中国は国連平和維持活動特別委員会に加入。1989 年に初めて人員を派遣し国連ナミビア独立移行支援グループに参加。1990 年 4 月、国連の要請で、初めて中東地域に軍事監視員を派遣。1992 年、正式に PKO 部隊を組織し、400 人規模の工兵大隊をカンボジアに派遣して平和維持任務を遂行。2001 年 12 月、国防部平和維持事務弁公室を正式に設立。2002 年 2 月、国連待機制度のレベル 1[注4] に正式登録。2009 年、国防部平和維持センターを設置。現在、中国は国連安全保障理事会の 5 つの常任理事国の中で、PKO 軍事要員の派遣が最も多く、国連の 115 か国の PKO 出兵国のうち、工兵・輸送・医療などの後方支援分隊の派遣が最多で、PKO 予算分担金の納付額も発展途上国で最高である。2012 年 12 月現在、人民解放軍は計 23 項目の PKO に参加し、累計で延べ 2 万 2000 人の軍事要員を派遣、1842 名の将兵が 9 か所の平和維持任務区域で任務を遂行。

　2003 年 4 月、人民解放軍が派遣した「ブルーヘルメット」[注5] が初めてアジアを出て、アフリカ大陸のコンゴ民主共和国（キンサシャ）で平和維持任務を遂行。これは中国が国連待機制度に登録した後に初めて派遣した、編成された非作戦部隊の PKO 参加である。同年 12 月初め、中国は国連安保理の第 1509 号決議に基づき、リベリア共和国に PKO 部隊派遣を開始。これは中国が PKO に派遣した最大規模で最多人数の部隊である。

　2006 年 4 月 16 日、国連の要請により、中国の平和維持工兵大隊がレバノンのベイルート国際空港に到着、レバノン南部の駐屯地ハニュートで平和維持任務を遂行。これは中東で国連平和維持任務を遂行した初の中国部隊である。

　2006 年 5 月、中国軍はスーダンで平和維持任務を遂行。2012 年 1 月 11 日、中国は南スーダンのワーウ任務区域に PKO 部隊の第 1 陣を派遣し、国連に付与された平和維持任務を遂行。11 月にはさらに第 2 陣を派遣。

　2007 年 11 月と 2008 年 7 月には国連の要請で、中国はスーダンのダルフール地区に先遣隊を派遣し、平和維持任務区域に向かわせた。これはダルフール地区に入った最初の国連平和維持軍である。2011 年末までに、中国は同地区に PKO 部隊を 6 回派遣し、建設工事・後方支援・警護などの任務に当たった。

国連平和維持活動への参加

- 1988年、国連平和維持活動特別委員会に加入。

- 1989年、初めて人員を派遣し国連ナミビア独立移行支援グループに参加。

- 1990年4月、国連の要請で、初めて中東地域に軍事監視員を派遣。1992年、正式に平和維持部隊を組織し、400人規模の工兵大隊をカンボジアに派遣し平和維持任務を遂行。

- 2001年12月、国防部平和維持事務弁公室を正式に設立。2002年2月、国連待機制度のレベル1に正式登録。2009年、国防部平和維持センターを設置。

- 2003年4月～2012年11月、コンゴ民主共和国にPKO部隊を15回派遣。

- 2003年12月～2012年12月、リベリア共和国にPKO部隊を14回派遣。

2012年12月現在、中国は計23項目のPKOに参加し、累計で延べ2万2000人の軍事要員を派遣、9か所の平和維持任務区域で任務を遂行。

- 2006年4月～2012年12月、レバノンにPKO部隊を10回派遣。

- 2007年11月～2011年末、スーダン・ダルフール地区にPKO部隊を6回派遣。

- 2006年5月～2011年9月、スーダン（ワーウ）にPKO部隊を8回派遣。2012年1月11日、南スーダン・ワーウ任務区域にPKO部隊の第1陣を派遣し、施設支援と医療支援任務を遂行。2011年11月、第2陣を南スーダンに派遣。

15.3 軍備管理、軍縮、拡散防止

中国は拡散防止問題を重視し、他国の大量破壊兵器開発を支持せず、奨励せず、援助しない政策を執行。2003年12月、中国政府は白書「中国の拡散防止政策と措置」を発表し、核兵器・生物兵器・化学兵器・ミサイルなど各種の機微品目と技術をカバーする一連の輸出規制法体系を確立。拡散防止輸出規制について関係国との情報交換と法執行上の協力を強化した。

2003年8月、中国は「5か国大使調停案〔A5案〕」[注6]によるPAROS特別委員会[注7]の職権に関する修正案の受け入れを発表。核軍縮、核兵器用核分裂性物質生産禁止条約〔FMCT〕[注8]の交渉、消極的安全保証〔NSA〕[注9]、宇宙空間における軍備競争の防止〔PAROS〕という4大議題についてジュネーブ軍縮会議ができるだけ早く実質的作業を展開することを支持。

中国は一貫して核兵器の全面禁止と廃絶を主張し、国際社会が核軍縮問題について実質的な議論を展開することを支持し、「生物兵器禁止条約」の有効性を強化する多国間の努力に積極的に参与。ASEAN、中央アジアなどの周辺諸国が非核地帯を確立する努力を支持し、中央アジア非核地帯条約および議定書に関する核保有5か国と中央アジアの協議に参加した。中国は、「核兵器不拡散条約」「包括的核実験禁止条約」「化学兵器禁止条約」を支持し、かつ真剣に履行し、2003年に化学兵器禁止機関〔OPCW〕の11回の査察を滞りなく受け入れた。同年、中国は国連に対し「生物兵器禁止条約」に関する状況報告書を引き続き期限内に提出した。

中国政府は「特定通常兵器使用禁止制限条約」の専門家作業部会を支持し、かつそれに参与、また、地雷が引き起こす人道上の問題の解決を一貫して重視し、国際的な地雷除去支援活動を積極的に支持し、かつそれに参与している。1999年以来、人民解放軍は地雷除去技術訓練班の開設、専門家の現場指導、地雷除去装備の援助などの方法を通じ、国の関係部門と協力して、アジア・アフリカ・ラテンアメリカの40近い国々に地雷除去支援を提供。さらに外国の地雷除去技術者400人余りを育成し、20数万m^2の地雷原処理を指導し、約6000万元相当の地雷除去装備・機材を寄贈した。

軍備管理、軍縮、拡散防止

- 2003年12月、中国政府は白書「中国の拡散防止政策と措置」を発表し、核兵器・生物兵器・化学兵器・ミサイルなど各種の機微品目と技術をカバーする一連の輸出規制法体系を確立。

- 中国は一貫して核兵器の全面禁止と廃絶を主張し、国際社会が核軍縮問題について実質的な議論を展開することを支持し、「生物兵器禁止条約」の有効性を強化する多国間の努力に積極的に参与。

- 2003年8月、中国は「5か国大使調停案」によるPAROS特別委員会の職権に関する修正案の受け入れを発表。核軍縮、FMCT交渉、NSA、PAROSという4大議題についてジュネーブ軍縮会議ができるだけ早く実質的作業を展開することを支持。

- 中国は「核兵器不拡散条約」「包括的核実験禁止条約」「化学兵器禁止条約」を支持し、かつ真剣に履行し、2003年に化学兵器禁止機関の11回の査察を滞りなく受け入れた。同年、中国は国連に対し「生物兵器禁止条約」に関する状況報告書を引き続き期限内に提出。

- 中国政府は「特定通常兵器使用禁止制限条約」の専門家作業部会を支持し、かつそれに参与。1999年以来、人民解放軍は地雷除去技術訓練班の開設、専門家の現場指導、地雷除去装備の援助などの方法を通じ、国の関係部門と協力して、アジア・アフリカ・ラテンアメリカの40近い国々に地雷除去支援を提供。さらに外国の地雷除去技術者400人余りを育成し、20数万m^2の地雷原処理を指導し、約6000万元相当の地雷除去装備・機材を寄贈。

15.4　国際的な災害救援と人道支援

　2002年以来、人民解放軍は国際緊急人道支援を36回行っており、27の被災国に総額12億5000万元を超える救援物資を届けている。2001年より、北京軍区工兵連隊の将兵、武装警察総合病院の医療・看護スタッフ、中国地震局の専門家で構成された中国国際救援隊が、国際災害救援活動にすでに8回参加。2010年以降、人民解放軍医療救援隊は、ハイチとパキスタンに相次いで3回赴き国際人道医療支援任務を遂行、陸軍航空兵ヘリコプター救援隊がパキスタンで洪水被害対応に協力した。2011年3月に日本で巨大地震とそれに伴う津波が発生すると、中国国際救援隊はただちに日本に赴き捜索・救助活動に参加した。同年7月にはタイで深刻な洪水被害が発生し、人民解放軍空軍は航空機4機を出動させ、中国国防部がタイ武装部隊に提供した90トン余りの対洪水救援物資をバンコクへ輸送した。同年9月、パキスタンに特大規模の洪水が発生、人民解放軍空軍は航空機5機を出動させて災害救助用テント7000張をカラチに空輸、蘭州軍区は医療防疫救援隊を重度被災地のクンリに派遣し、医療救護と保健衛生・防疫活動を展開した。2010～11年、人民解放軍海軍の医療船「平和の方舟」はアジア・アフリカ5か国とラテンアメリカ4か国に相次いで赴き、人道主義に基づく医療支援任務「和諧使命〔調和の使命〕」を遂行し、193日間にわたって4万2000海里を航行し、5万人近い人々に医療サービスを提供した。

国際的な災害救援と人道支援

2002年以来、人民解放軍は国際緊急人道支援を36回行っており、27の被災国に総額12億5000万元を超える救援物資を輸送。

↓

2001年より、北京軍区工兵連隊の将兵、武装警察総病院の医療・看護スタッフ、中国地震局の専門家で構成された中国国際救援隊が、国際災害救援活動にすでに8回参加。

↓

2010年以降、人民解放軍医療救援隊はハイチとパキスタンに相次いで3回赴き国際人道医療支援任務を遂行、陸軍航空兵ヘリコプター救援隊がパキスタンで洪水被害対応に協力。

↓

2011年3月、日本で巨大地震とそれに伴う津波が発生、中国国際救援隊はただちに日本に赴き捜索・救助活動に参加。

↓

2011年7月、タイで深刻な洪水被害が発生、人民解放軍空軍は航空機4機を出動させて90トン余りの対洪水救援物資をバンコクへ輸送。

↓

2011年9月、パキスタンに特大規模の洪水が発生、人民解放軍空軍は航空機5機を出動させて災害救助用テント7000張をカラチに空輸、蘭州軍区は医療防疫救援隊を重度被災地のクンリに派遣し、医療救護と保健衛生・防疫活動を展開。

↓

2010～11年、人民解放軍海軍の医療船「平和の方舟」はアジア・アフリカ5か国とラテンアメリカ4か国に相次いで赴き、人道的医療支援任務「調和の使命」を遂行し、193日間にわたって4万2000海里を航行し、5万人近い人々に医療サービスを提供。

第15章　国際安全保障と協力

16.1 対テロ合同軍事演習

中国が上海協力機構加盟国と実施した合同軍事演習。2002 年、キルギスと対テロ軍事演習を実施。2003 年、カザフスタン・キルギス・ロシア・タジキスタンと対テロ軍事演習「連合-2003」を実施。2006 年、中国・タジキスタン両軍がタジキスタンのハトロン州で対テロ合同軍事演習「協作〔戦略協力〕-2006」を実施。

中・パ合同軍事演習。2006 年 12 月 11 〜 18 日、中国とパキスタンの両国軍が対テロ合同軍事演習「友誼〔フレンドシップ〕-2006」を実施。2010 年 7 月 3 〜 13 日、寧夏回族自治区青銅峡地区で対テロ合同訓練「友誼-2010」を実施。2011 年 11 月 17 〜 24 日、パキスタン国内で対テロ合同訓練「友誼-2011」を実施。

中・印合同軍事演習。2008 年 12 月 6 日、中国とインドの両国陸軍がインドのベルガウム地区で対テロ合同訓練「携手〔ハンド・イン・ハンド〕-2008」を実施。

中国・タイ合同軍事演習。2008 年 7 月中旬、中国とタイの両国陸軍がタイで対テロ特殊作戦合同訓練「突撃-2008」を実施。2010 年 10 月 28 日〜 11 月 11 日、両国海軍陸戦隊がタイのサッタヒープ海軍陸戦隊訓練基地で対テロ合同訓練「藍色突撃〔ブルー・アサルト〕-2010」を実施。中国とタイの海軍陸戦隊初の訓練である。

中国・ルーマニア合同軍事演習。2010 年 11 月 5 日、中国とルーマニアの両国軍は中国で合同訓練「友誼行動-2010」を実施。人民解放軍初の中国内におけるヨーロッパの軍隊との合同訓練である。

中国・トルコ合同軍事演習。2010 年 11 月 8 日、中国とトルコの両国軍が合同訓練を実施。両軍初の合同訓練である。

中国・シンガポール合同軍事演習。2009 年より中国軍とシンガポール軍は安全保障合同訓練「協力-2009」、「協力-2010」を実施。

2011 年 7 月、中国とベラルーシの空挺兵がベラルーシのバラーナヴィチ市で合同訓練「神鷹〔イーグル〕-2011」を実施。両国軍初の合同訓練であり、中国空挺兵にとって初の国外で外国軍との編成による合同訓練でもある。2012 年 11 月 26 日〜 12 月 7 日、中国・ベラルーシ両国の空挺兵が中国で合同訓練「神鷹-2012」を実施。

2012 年 11 月 16 日、中国とヨルダンがヨルダンの首都アンマンで特殊部隊の対テロ合同訓練を実施。双方 50 人近い将兵を派遣し両軍初の訓練に参加。

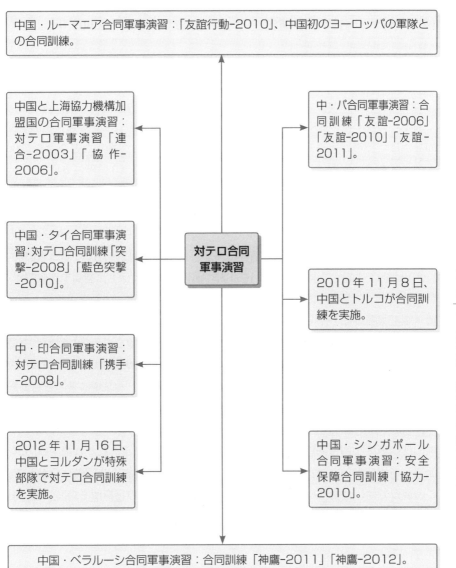

16.2　対テロ合同軍事演習「平和の使命」(2005 ～ 2009 年)

　2005 年より人民解放軍は、上海協力機構の枠組み内で相次いで 6 回の合同軍事演習「平和の使命」シリーズを実施し、国内外に広く影響を及ぼした。

　「平和の使命-2005」：2005 年 8 月 18 ～ 25 日に中国の山東半島とその周辺海域で実施。この演習には中国・ロシア両軍から 1 万人近くの兵士が参加、中国側参加兵士は、陸軍、海軍艦艇部隊と陸戦隊、空軍航空兵と空挺兵などを含む 7000 人余りである。演習は、戦略協議・戦闘計画・交戦実習の 3 段階に分けて実施。初の中・ロ両軍による合同軍事演習である。

　「平和の使命-2007」：2007 年 8 月 9 ～ 17 日にロシアのチェリャビンスクで実施。中国・ロシア・カザフスタン・キルギス・タジキスタン・ウズベキスタンの兵力合計 4000 人余りと戦闘機 80 機が演習に参加。中国側の参加兵力は、1 陸軍戦闘群・1 空軍戦闘群・1 総合支援群を含む 1600 人。演習参加装備は主に装輪歩兵戦闘車・装輪装甲車・突撃砲・輸送ヘリコプター・武装ヘリコプター・戦闘爆撃機・輸送機・空挺戦闘車などである。上海協力機構加盟国の首脳と 6 か国の国防大臣が現地に赴き演習を視察した。この合同演習は上海協力機構設立 6 年後に行われた最高レベル、最大規模の多国籍合同軍事演習であり、人民解放軍史上初のかなり大規模な陸・空軍部隊を派遣したものであり、編成した上、重装備を携えさせて国外参加させた多国籍合同軍事演習でもある。

　「平和の使命-2009」：2009 年 7 月 22 ～ 26 日にロシアのハバロフスクおよび中国の瀋陽軍区洮南合同戦術訓練基地で実施。中・ロ両軍がそれぞれ約 1300 人を派遣し演習に参加。演習は戦略協議・戦闘準備・戦闘実施の 3 段階に分かれる。この演習では、合同戦役指揮部・方面指揮所の 2 ランクの指揮所を合同演習に組み入れ、監督部・合同戦役指揮部・方面指揮所の 3 ランクの指揮体系を確立させた。また、戦略計画・戦闘指揮・戦術行動の連動・統一を初めて実現した。

対テロ合同軍事演習「平和の使命-2005」・「平和の使命-2007」・「平和の使命-2009」

「平和の使命-2005」：2005年8月18〜25日に中国の山東半島とその周辺海域で実施。中国・ロシア両軍が演習に参加し、中国側参加兵士は7000人余り。初の中・ロ両軍による合同軍事演習。

↓

「平和の使命-2007」：2007年8月9〜17日にロシアのチェリャビンスクで実施。中国・ロシア・カザフスタン・キルギス・タジキスタン・ウズベキスタンから合計4000人余りが参加。中国初のかなり大規模な陸・空軍部隊を派遣したものであり、編成した上、重装備を携えさせて国外参加させた多国籍合同軍事演習。

↓

「平和の使命-2009」：2009年7月22〜26日にロシアのハバロフスクおよび中国の瀋陽軍区洮南合同戦術訓練基地で実施。中・ロ両軍がそれぞれ約1300人を派遣し演習に参加。監督部・合同戦役指揮部・方面指揮所の3ランクの指揮体系初めてを確立させた。

第16章 合同軍事演習と非伝統的安全保障協力

16.3　対テロ合同軍事演習「平和の使命」（2010 〜 2013 年）

　「平和の使命-2010」：2010 年 9 月 9 〜 25 日にカザフスタンのマットブラック諸兵種混成訓練基地で実施。中国・カザフスタン・キルギス・ロシア・タジキスタンの 5 か国の軍隊が演習に参加。この演習の内容は、テロリズムが引き起こす地域的危機への対応を背景に、対テロ軍事作戦の指揮・連携・支援・行動の方法を合同演習し、各国軍隊の訓練水準と共同行動能力を向上させるというものである。中国側は、1 陸軍戦闘群・1 空軍戦闘群・1 総合支援群を含む 1000 人の兵力を派遣し演習に参加。演習参加装備はいずれも新中国成立 60 周年の国慶節閲兵式に参加した主力装備であり、例えば 99 式戦車、122mm 自走榴弾砲、弾砲結合防空システム、J-10〔殲撃 10 型〕航空機などである。

　「平和の使命-2012」：2012 年 6 月 8 〜 14 日にタジキスタンのホジャンド市付近の訓練場で実施。中国・ロシア・カザフスタン・キルギス・タジキスタンの 5 か国が合計 2000 人余りを派遣し演習に参加。そのうち、中国側の参加将兵は 369 人である。この演習では、テロリズムが引き起こす地域的危機への対応を背景に、山地条件下での合同対テロ行動の準備と実施などの内容を重点的に訓練。演習は戦略協議・戦闘準備・戦闘実施の 3 段階に分けて実施。

　「平和の使命-2013」：2013 年 7 月 27 日〜 8 月 15 日にロシアのチェリャビンスクで実施。中・ロ両軍は兵力投射と配置、戦闘計画、戦闘実施などの異なる段階の合同演習を相次いで実施し、一連の目覚ましい成果を上げ、両軍の戦略的相互信頼を増進し、互いの実務協力を深め、両軍の共同行動能力を向上させた。

対テロ合同軍事演習「平和の使命-2010」・「平和の使命-2012」・「平和の使命-2013」

「平和の使命-2010」：2010年9月9～25日にカザフスタンのマットブラック諸兵種混合訓練基地で実施。中国・カザフスタン・キルギス・ロシア・タジキスタンの5か国の軍隊が演習に参加。中国側は、1000人の兵力と建国60周年の国慶節閲兵式に参加した主力装備を派遣。

↓

「平和の使命-2012」：2012年6月8～14日にタジキスタンのホジャンド市付近の訓練場で実施。中国・ロシア・カザフスタン・キルギス・タジキスタンの5か国が合計2000人余りを派遣し演習に参加。

↓

「平和の使命-2013」：2013年7月27日～8月15日にロシアのチェリャビンスクで実施。中・ロ両軍が演習に参加。

第16章　合同軍事演習と非伝統的安全保障協力

16.4　多国間海上合同軍事演習「平和」(2007 ～ 2011 年)

「平和-07」：パキスタン海軍が主催し、中国・アメリカ・イギリス・フランス・イタリア・バングラデシュ・パキスタン・トルコの 8 か国海軍が参加、22 か国が軍事オブザーバーを派遣し演習を視察した。演習は 2007 年 3 月 8 ～ 13 日にパキスタンのカラチ周辺海域で行われ、20 近くの訓練科目があり、どの科目も 1 か国の軍艦が指定され指揮と調整を担当した。中国海軍は主砲の実弾射撃、合同捜索救難活動、海上の小目標に対する防御と攻撃、対空防御、海上閲兵式などの多くの項目の演習に参加した。これは中国海軍が初めて参加した多国間海上合同軍事演習である。

「平和-09」：パキスタン海軍が主催し、中国・アメリカ・イギリス・フランス・日本・トルコなどの 12 か国海軍が参加。ロシア・ドイツ・オーストラリア・エジプト・インドネシアなど 20 数か国が軍事オブザーバーを派遣し演習を視察した。演習は 2009 年 3 月 5 ～ 14 日にカラチ周辺海域で行われた。演習参加科目には主に海上捜索救難・対海賊行動・編隊防御があり、ヘリコプターと特殊作戦隊員が一部の演習科目に参加した。中国海軍の演習参加兵力は南海艦隊の駆逐艦「広州」（艦番号 168）にヘリコプター 1 機と海軍特殊作戦隊員 10 名を搭載、参加将兵合計 318 人である。

「平和-11」：パキスタン海軍が主催し、中国・アメリカ・イギリス・フランスなどの 12 か国海軍が参加。演習は 2011 年 3 月 8 ～ 12 日にカラチ周辺海域で行われ、岸壁特殊部隊演習と海上実動演習の 2 つの部分に分かれる。アデン湾・ソマリア沖に向かう中国海軍第 8 次護衛編隊の「温州艦」と「馬鞍山艦」が演習に参加した。

多国間海上合同軍事演習「平和-07」・「平和-09」・「平和-11」

「平和-07」：2007年3月実施。中国・アメリカ・イギリス・フランス・イタリア・バングラデシュ・パキスタン・トルコの8か国海軍が演習に参加。中国海軍が初めて参加した多国間海上合同軍事演習。

↓

「平和-09」：2009年3月実施。中国・アメリカ・イギリス・フランス・日本・パキスタン・トルコなどの12か国海軍が参加。中国海軍の演習参加兵力は南海艦隊の「広州艦」および艦載ヘリコプターと海軍特殊作戦隊員、計318人。

↓

「平和-11」：2011年3月実施。中国・アメリカ・イギリス・フランス・パキスタンなどの12か国海軍が参加。中国海軍第8次護衛編隊の「温州艦」と「馬鞍山艦」が演習に参加。

16.5　その他の海上合同軍事演習

　中仏海軍合同演習：フランスは軍艦を中国訪問に派遣した最初の西側国家である。2004年3月12日、フランス艦隊が山東省の青島に入港、中国軍を友好訪問し、中国海軍と黄海沖で合同演習を実施。その後、何度も訪中して合同演習を実施した。

　中印海軍合同演習：2005年12月、中国海軍のミサイル駆逐艦「深圳」と総合補給艦「微山湖」からなる外国訪問艦隊がインド洋北部海域でインド軍と合同捜索救難演習「中印友誼-2005」を実施。2007年4月12日、インド海軍艦隊が青島を初訪問、中国海軍と青島沖で通信と艦艇の編隊運動を主とする合同演習を実施。

　中国・タイ海軍合同軍事演習：2005年、中国海軍とタイ海軍がタイランド湾南部海域で非伝統的安全保障の領域[注1]での合同捜索救難演習「中泰友誼-2005」を実施。

　中米海軍合同演習：2006年、中国海軍がアメリカ・カナダ・フィリピンの3か国を訪問、ハワイ訪問時にアメリカ海軍太平洋艦隊のミサイル駆逐艦「チャン＝フー」と海上編隊機動訓練を実施。これは中米両国海軍初の海上合同演習。2012年9月17日、両国海軍はアデン湾中西部海域で初の対海賊合同訓練を実施。

　中国・スペイン海軍合同演習：2007年9月、中国海軍とスペイン海軍が海上合同軍事演習「中西友誼-2007」を実施。

　中国・オーストラリア・ニュージーランド海軍演習：2007年10月、中国・オーストラリア・ニュージーランドの3か国海軍が南太平洋海域で海上合同捜索救難演習を実施。3か国の海軍は合計で艦艇4隻、ヘリコプター2機、兵員1000人余りなどの兵力を投入。2010年9月23日、中国海軍と訪中したオーストラリア海軍が黄海の某海域で合同軍事演習を実施。

　中・パ海軍演習：2011年4月22日、アデン湾・ソマリア沖で航行護衛任務を遂行する中国とパキスタン両国海軍の護衛艦が初の対海賊合同演習を実施。

　中・ロ海軍演習：2012年4月22～27日、中国・ロシア両国海軍初の合同軍事演習「海上連合-2012」を実施。両国の演習参加部隊は合同で船舶護衛、防空、対潜水艦、対ハイジャック、捜索・救難、対海上・対潜・対空の実弾射撃などの演習を展開。

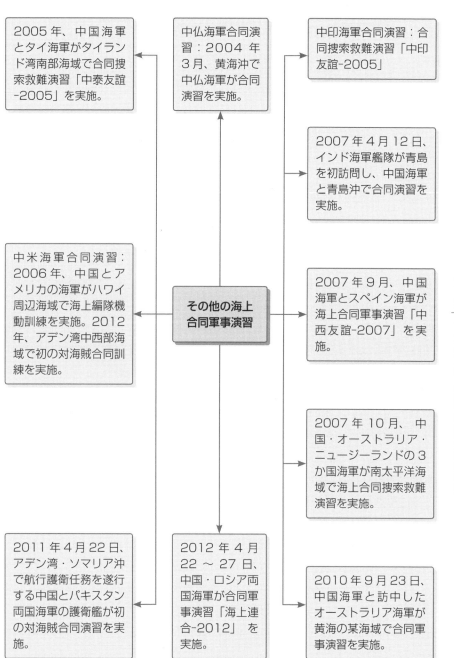

16.6　広範な防衛協議メカニズムの構築

　中国は多くの国と防衛協議メカニズムを構築している。2004年、中国・モンゴル両国軍は防衛・安全保障協議メカニズムを構築、2012年9月までに両国は6回の防衛・安全保障協議を実施。2007年4月3日にインドネシアと第2回防衛・安全保障協議を開催、2009年10月15日に第3回協議を開催。2007年11月、中国・ドイツ両国軍は北京で第3回防衛戦略協議を開催、2011年9月に第5回まで開催されている。オーストラリアとは、1997年以降定期開催している防衛戦略協議の11回目の会合を2008年7月21日に開催。同31日にタイと第7回国防当局間防衛・安全保障協議を開催、2010年11月の時点で第9回まで開催している。2008年12月15日、パキスタンと第6回防衛・安全保障協議を北京で開催。同年12月に中国とインドの両国防衛当局が第2回防衛・安全保障協議を開催、2010年1月6日に第3回、2013年1月14日に第5回を開催。2009年9月24日、ベトナムと第3回防衛・安全保障協議を開催、2011年8月の時点で第5回まで開催している。2010年7月13日、中国国防部とシンガポール国防省は第3回防衛政策対話を開催。2011年7月26日、日本と第9回防衛・安全保障協議を開催。1997年以降、中国・ロシア両国軍の総参謀部協議会を毎年交互に両国の首都で開催、2011年10月に第14回戦略協議を開催した。2012年3月5日、中国・フランス両国軍は第11回防衛戦略対話を開催。同年12月までに中国・ニュージーランド両国軍は5回の戦略対話を実施。同年5月2日にアメリカと第2回戦略・安全保障対話を開催。双方は共通の関心事項である戦略的安全保障と総合的安全保障の問題について踏み込んで意見交換し、中米の戦略・安全保障対話のメカニズムを引き続きしっかり発展させることで合意。2012年12月13日、中米両国の国防当局が第13回防衛協議を開催。2013年1月20日、中国とミャンマーはミャンマーの首都ネピドーで両国軍初の戦略協議を開催し、地域の安全保障情勢、二国間や軍隊間の関係などについて踏み込んだ意見交換を行った。さらに、カナダ・メキシコ・イタリア・ポーランドなどとも大きな成果を挙げた安全保障協議と対話を展開した。これら協議の開催により、国際的・地域的な安全保障情勢、非伝統的安全保障上の脅威への対応、二国間の関係などについて双方の意見交換が行われた。

```
                                    ┌─────────────────────────┐
┌──────────────────────────┐        │ 2008年7月21日にオー      │
│ 2004年に中国・モンゴル    │        │ ストラリアと第11回防衛   │
│ 両国軍は防衛・安全保障協  │◄──┐ ┌─►│ 戦略協議を開催。          │
│ 議メカニズムを構築、2012  │   │ │  └─────────────────────────┘
│ 年9月に第6回防衛・安全    │   │ │
│ 保障協議を実施。          │   │ │  ┌─────────────────────────┐
└──────────────────────────┘   │ │  │ 2008年12月15日、パ      │
                                │ ├─►│ キスタンと第6回防衛・安  │
┌──────────────────────────┐   │ │  │ 全保障協議を開催。        │
│ 2010年1月6日、インド     │◄──┤ │  └─────────────────────────┘
│ と第3回防衛・安全保障協   │   │ │
│ 議を開催。                │   │ │  
└──────────────────────────┘   │ │  ┌─────────────────────────┐
                           ┌────┴─┴────┐  │ 2009年10月15日、       │
┌──────────────────────────┐│ 中国は多く││ インドネシアと第3回防衛・│
│ 2010年7月13日、中国      │◄┤ の国と防衛├─►│安全保障協議を開催。       │
│ 国防部とシンガポール国防  ││ 協議メカニ││  └─────────────────────────┘
│ 省は第3回防衛政策対話を   ││ ズムを構築││
│ 開催。                    │└────┬─┬────┘  ┌─────────────────────────┐
└──────────────────────────┘    │ │  │ 2011年7月26日、日本    │
                                 │ ├─►│ と第9回防衛・安全保障協 │
┌──────────────────────────┐    │ │  │ 議を開催。               │
│ 2010年11月、タイと第     │◄───┤ │  └─────────────────────────┘
│ 9回防衛・安全保障協議を   │    │ │
│ 開催。                    │    │ │  ┌─────────────────────────┐
└──────────────────────────┘    │ │  │ 2011年8月、ベトナムと   │
                                 │ ├─►│ 第5回防衛・安全保障協議  │
┌──────────────────────────┐    │ │  │ を開催。                 │
│ 2011年9月、中国・ドイ    │◄───┤ │  └─────────────────────────┘
│ ツ両国軍が第5回防衛戦略   │    │ │
│ 協議を開催。              │    │ │
└──────────────────────────┘    │ │  ┌─────────────────────────┐
                            ┌────┴─┴────┐ │ 2012年3月5日、中国・   │
┌──────────────────────────┐│ 2012年5  │├─►│ フランス両国軍は第11回   │
│ 2011年10月、中国・ロ     │◄┤ 月2日にア ││ 防衛戦略対話を開催。      │
│ シア両国軍の総参謀部が第  ││ メリカと第││  └─────────────────────────┘
│ 14回戦略協議を開催。      ││ 2回戦略・ ││
└──────────────────────────┘│ 安全保障対││
                            │ 話を開催。 ││
┌──────────────────────────┐│ 2012年   ││
│ 2012年12月、中国・       │◄┤ 12月13  ││
│ ニュージーランド両国軍は  ││ 日、中米両││
│ 第5回戦略対話を実施。     ││ 国の国防当││
└──────────────────────────┘│ 局が第13  ││  ┌─────────────────────────┐
                            │ 回防衛協議││  │ 2013年1月20日、中国    │
┌──────────────────────────┐│ を開催。 │├─►│ とミャンマー両国軍は初の │
│ 2013年1月14日、イン     │◄┤          ││  │ 戦略協議を開催。         │
│ ドと第5回防衛・安全保障   │└───────────┘  └─────────────────────────┘
│ 協議を開催。              │
└──────────────────────────┘
```

第16章　合同軍事演習と非伝統的安全保障協力

16.7　海軍艦隊の外国訪問

　1980年代、人民解放軍海軍艦隊が外国訪問任務を開始。1985年、海軍遠洋航行艦隊が南アジア3か国[注2]を初訪問。1989年、海軍練習艦「鄭和」が太平洋を横断し、初めてアメリカを友好訪問[注3]。1997年、海軍艦隊が初めて太平洋を越えてアメリカ本土を友好訪問した。

　21世紀以降、中国海軍艦隊の外国訪問は回数が増加、範囲が拡大しほぼ全世界に及ぶ。2002年、三大洋を連続横断し、初の世界一周を無事完了。2003年、グアム・ブルネイ・シンガポールを訪問。2005年11〜12月、パキスタン・インド・タイを友好訪問、3か国の海軍とそれぞれ合同捜索救難演習を実施。2006年8〜10月、アメリカ・カナダ・フィリピンを訪問、アメリカ海軍と初の合同捜索救難演習を実施。2007年7〜9月、ロシア・イギリスなどヨーロッパ4か国を訪問。同年10〜11月、オーストラリアとニュージーランドを友好訪問し、3か国の海軍で海上合同捜索救難演習を実施。2008年10月、韓国を訪問し多国間海軍合同演習に参加。2009年10〜11月、海軍練習艦「鄭和」が韓国と日本を相次いで友好訪問。同年11〜12月、チリ・ペルー・エクアドルを訪問。2010年7月30日〜10月20日、南太平洋訓練に赴き、パプアニューギニア・バヌアツ・トンガ・ニュージーランド・オーストラリアを訪問。パプアニューギニア・バヌアツ・トンガは中国海軍初訪問。2010年8月、海軍護衛艦隊第5次派遣隊がイタリア・ミャンマーを訪問。ミャンマーは中国海軍初訪問。同年11月27日、海軍護衛艦隊第6次派遣隊がサウジアラビアを訪問。サウジアラビアは中国海軍艦艇初訪問。2011年3〜4月、海軍艦隊がタンザニア・南アフリカ共和国・セーシェルを訪問。同年10〜11月、海軍の医療船「平和の方舟」がキューバ、ジャマイカ、トリニダード・トバゴ、コスタリカなどラテンアメリカ諸国を訪問。同年12月、海軍護衛艦隊第9次派遣隊がクウェート・オマーンなどを訪問。2012年4月、海軍練習艦「鄭和」が「和諧使命——鄭和艦世界一周航行」任務を執行、14か国の港を歴訪し、中国海軍の単一艦による最長航行距離・最多寄港国数・最長航続時間などの記録を樹立した。また、中国海軍はベルギー・カナダ・アメリカ・パキスタン・インド・フランス・イギリス・マレーシア・オーストラリア・タイ・ニュージーランド・韓国・ペルーなど各国の海軍艦艇来訪を相次いで受け入れた。

海軍艦隊の外国訪問

1985年、海軍遠洋航行艦隊が南アジア3か国を初訪問。
1989年、海軍練習艦「鄭和」が太平洋を横断し、初めてアメリカを友好訪問。
1997年、海軍艦隊が初めて太平洋を越えてアメリカ本土を友好訪問。

↓

2002年、三大洋を連続横断し、初の世界一周を無事完了。
2003年、グアム・ブルネイ・シンガポールを訪問。
2005年11～12月、パキスタン・インド・タイを友好訪問、3か国の海軍とそれぞれ合同捜索救難演習を実施。
2006年8～10月、アメリカ・カナダ・フィリピンを訪問、アメリカ海軍と初の合同捜索救難演習を実施。
2007年7～9月、ロシア・イギリスなどヨーロッパ4か国を訪問。
2007年10～11月、オーストラリアとニュージーランドを友好訪問し、3か国の海軍で海上合同捜索救難演習を実施。
2008年10月、韓国を訪問し多国間海軍合同演習に参加。
2009年10～11月、海軍練習艦「鄭和」が韓国と日本を相次いで友好訪問。
2009年11～12月、チリ・ペルー・エクアドルを友好訪問。

↓

2010年7月30日～10月20日、南太平洋訓練に赴き、パプアニューギニア・バヌアツ・トンガ・ニュージーランド・オーストラリアを訪問。パプアニューギニア・バヌアツ・トンガは中国海軍初訪問。
2010年8月、海軍護衛艦隊第5次派遣隊がイタリア・ミャンマーを訪問。
2010年11月27日、海軍護衛艦隊第6次派遣隊がサウジアラビアを初訪問。
2011年3～4月、海軍艦隊がタンザニア・南アフリカ共和国・セーシェルを訪問。
2011年10～11月、海軍の医療船「平和の方舟」がキューバ、ジャマイカ、トリニダード・トバゴ、コスタリカなどラテンアメリカ諸国を訪問。
2011年12月、海軍護衛艦隊第9次派遣隊がクウェート・オマーンなどを訪問。
2012年4月、海軍練習艦「鄭和」が14か国の港を歴訪。

16.8 海軍艦隊のアデン湾・ソマリア沖での航行護衛

　国連安全保障理事会の関連決議に基づき、2008年12月26日に中国政府は海軍艦隊をアデン湾・ソマリア沖に派遣して航行護衛を実施した。主な任務は、アデン湾・ソマリア沖を航行する自国船舶と乗員の安全確保、国連世界食糧計画など国際機関の人道支援物資輸送船の護衛、ならびに当該海域を航行する外国船舶の安全のためにできる限りの援護を提供することである。2012年末までに中国海軍は護衛編隊を合計13陣派遣し、総計で艦艇34隻、ヘリコプター28機、将兵1万人余りを動員して、500回余りにわたる、中国と外国の商船5000隻余りの航行護衛任務を完遂し、60隻余りの船舶の護送を引き受け、解放・救助・特殊部隊乗り込みなどにより救出した。国連の潘基文(パン・ギムン)事務総長は「中国海軍が艦艇を派遣しアデン湾で護衛を行っていることは、国際社会のソマリア沖海賊取り締まり活動に対する強力な支援であり、国際問題において中国が重要な役割を果たしていることを体現している」と述べた。

　2011年11月30日、中国国防部報道官は「中国は引き続き、国連安全保障理事会の決議に基づいて、海軍護衛艦隊をアデン湾・ソマリア沖に派遣して航行護衛任務を遂行し、航行護衛の国際協力をさらに拡大し、国益と世界平和を守るために、より大きな貢献をしていく」と表明。2013年8月8日、中国海軍護衛艦隊第15次派遣隊が広東省湛江の某軍港からアデン湾・ソマリア沖に向けて出港し、第14次派遣隊と交代して航行護衛任務を執行した。

　海軍艦隊のアデン湾・ソマリア沖遠征による航行護衛において、中国は初めて武力を行使して海外で自国の戦略的利益を守り、初めて海上戦闘力を組織して海外で国際的な人道主義の義務を履行し、初めて遠洋で重要な輸送ルートの安全を確保した。

海軍艦隊のアデン湾・ソマリア沖での航行護衛

2008年12月26日、中国政府は国連安全保障理事会の関連決議に基づき海軍艦隊をアデン湾・ソマリア沖に派遣して航行護衛を実施。

2012年末までに中国海軍は護衛編隊を合計13陣派遣し、総計で艦艇34隻、ヘリコプター28機、将兵1万人余りを動員して、500回余りにわたる、中国と外国の商船5000隻余りの航行護衛任務を完遂。

国連の潘基文事務総長は「中国海軍が艦艇を派遣しアデン湾で護衛を行っていることは、国際社会のソマリア沖海賊取り締まり活動に対する強力な支援である」と発言。

2011年11月30日、中国国防部報道官は「中国は引き続き海軍護衛艦隊をアデン湾・ソマリア沖に派遣して航行護衛任務を遂行していく」と表明。

2013年8月8日、中国海軍護衛艦隊第15次派遣隊が広東省湛江の某軍港からアデン湾・ソマリア沖に向けて出港し、第14次派遣隊と交代して航行護衛任務を執行。

海軍艦隊のアデン湾・ソマリア沖遠征による航行護衛において、中国は初めて武力を行使して海外で自国の戦略的利益を守り、初めて海上戦闘力を組織して海外で国際的な人道主義の義務を履行し、初めて遠洋で重要な輸送ルートの安全を確保した。

17.1　鉄道・幹線道路・地下鉄建設への参加

　人民解放軍と武装警察部隊は、教育・訓練任務の完了と同時に、国の各種建設事業に積極的に参加し、それを支援する。建設した鉄道・幹線道路・地下鉄には主に以下のものがある。

　黎湛線・鷹厦線。1954年8月、人民解放軍鉄道兵が黎（塘）湛（江）線の敷設を担当。1956年に鷹（潭）厦（門）線も完工。

　森林地区の鉄道・幹線道路。1962年以降、鉄道兵が小興安嶺・長白山地区および湖南・貴州・江西・広東・福建などの省の森林地区における鉄道・幹線道路建設任務を担当。

　西南線・京原線・京通線・北京地下鉄（1号線）。1964年以降、鉄道兵が西南線・京原線の施工任務を担い、1966年に貴（陽）昆（明）線、1970年に成（都）昆（明）線、1971年に京原線（北京－山西省原平）、1973年に襄渝線（湖北省襄陽－重慶）が完工。1973年に国は青蔵線・南疆線・京通線など幹線鉄道の敷設を決定。鉄道兵が建設任務を担い、1979年に南疆線（吐魯番－庫爾勒）、青蔵線（哈爾蓋－格爾木－南山口）が完工、1977年に京通線（北京市昌平区－内モンゴル自治区通遼）が完工。1965年、解放軍鉄道兵が北京地下鉄（1号線）を敷設し、1969年9月完工。1954～83年、相次いで52本の幹線・支線と北京地下鉄の敷設任務を担った。

　戦略道路[注1]・北京地下鉄（2号線）・北京首都国際空港・北京二環路〔第2環状道路〕。1978年以降、人民解放軍の基本建設工程兵〔インフラ建設工兵〕が西北・西南・北部などの省級行政区の総延長2300kmの戦略道路33本および天山を横断する独庫道路（新疆ウイグル自治区独山子－庫車）を建設。さらに、北京地下鉄（2号線）・首都空港・北京二環路などの施工任務を担った。

　青蔵鉄道およびその他の鉄道・幹線道路。1985年3月、南京軍区の某師団が福（州）馬（尾）道路の最長のトンネル施行任務を担った。同年5月、新疆軍区は鉄道北疆線（新疆ウイグル自治区烏魯木斉－阿拉山口）敷設工事に参加。2001年6月、チベット軍区・蘭州軍区および武装警察水電〔水利・電力〕部隊が青蔵鉄道（青海省西寧－チベット自治区ラサ）敷設工事に参加。このほかに、人民解放軍が建設支援した幹線道路・鉄道には瀋大・京石・済青・広深・滬寧の各高速道路[注2]と京九・金温・宝中線の各鉄道路線[注3]などがある。

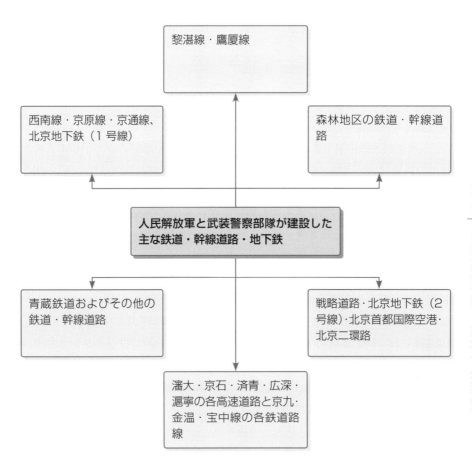

17.2　鉱山・水利重点建設プロジェクトへの参加

　1966～76年、人民解放軍基本建設工程兵などの部隊は、武漢鋼鉄集団公司・第二汽車〔自動車〕製造廠・遼陽化工廠〔化学工業プラント〕・上海金山化工廠・雲南天然気〔天然ガス〕化工廠・大慶油田・葛洲ダム水利センター・南京長江大橋・広西チワン族自治区柳江大橋・桑樹坪炭鉱などの重点建設プロジェクトに相次いで参加した。1978年以降、上海宝山鋼鉄総廠〔製鉄所〕の建設、唐山鋼廠〔製鋼所〕と開灤（かいらん）炭鉱の再建と修復注4にも参加。深圳経済特区の建設に参加し、160余りのプロジェクトを相次いで担った。また、馬鞍山鋼鉄公司やウルムチ「八一」鋼廠などの鉄鋼基地の施工、および大満倉・任丘油田のインフラ施工にも参加した。5項目の大型化学工業建設プロジェクトを担い、50数件の中・小型の工場と鉱山の新規建設・改修・拡張任務を完了した。貴州省盤県鉱区〔鉱山区〕・陝西省韓城鉱区・遼寧省鉄法鉱区・河南省平頂山鉱区・江蘇省大屯鉱区・山東省莱蕪鉱区、および山西省の古交市西曲と陽泉市貴石溝などの12か所の炭鉱建設任務を担い、また、四川省映秀湾・江西省万安・青海省竜羊峡・甘粛省白竜江・吉林省白山の水力発電所などの建設プロジェクトを担った。

　1981年以降、人民解放軍鉄道兵某部と天津駐留某部隊の3万人余りが「引灤入津（灤河の水を天津市へ引く）」プロジェクトのトンネル掘削・分水センターなど11項目のプロジェクトの施工任務を担い、1983年7月にすべて竣工した。1985年4月、済南軍区の1万人余りが山東省の重点建設プロジェクト「引黄入青（黄河の水を青島市に引く）」の建設支援に参加し、1989年11月に竣工、通水した。1994年、武装警察水電部隊が三峡水利中枢プロジェクトの永久閘門の建造を担い、2003年4月に竣工した。

　このほかに、人民解放軍は西安市の護城河〔城壁を囲む堀〕・北京市の涼水河・広州市の沙河涌〔珠江水系の河川〕・吉林省の松花江・広東省の横江瀝河・山東省の白浪河・山東省の東平湖堤防強化・遼寧省の白股河・黄河の小浪底ダムなどの大型水利プロジェクト、チベット自治区のダムと広西チワン族自治区柳州市の紅馬山ダムの拡張工事、河南省林州市の紅旗渠〔漳河の水を引く運河〕の先進技術による改修などの建設支援に相次いで参加した。

鉱山・水利重点プロジェクト建設への参加

- 1966〜76年、武漢鋼鉄集団公司・第二汽車製造廠・遼陽化工廠・上海金山化工廠・雲南天然気化工廠・大慶油田・葛洲ダム水利センター・南京長江大橋・広西チワン族自治区柳江大橋・桑樹坪炭鉱などの重点建設プロジェクトに参加。

- 1978年以降、上海宝山鋼鉄総廠の建設、唐山鋼廠と開灤炭鉱の再建・修復に参加。深圳経済特区の建設に参加。

- 馬鞍山鋼鉄公司とウルムチ「八一」鋼廠などの鉄鋼基地の施工、および大満倉・任丘油田のインフラ施工に参加。

- 貴州省盤県鉱区・陝西省韓城鉱区・遼寧省鉄法鉱区・河南省平項山鉱区・江蘇省大屯鉱区・山東省莱蕪鉱区、および山西省の古交市西曲と陽泉市貴石溝などの12か所の炭鉱建設任務を担い、四川省映秀湾・江西省万安・青海省竜羊峡・甘粛省白竜江・吉林省白山の水力発電所などの建設プロジェクトを担う。

- 1981年以降、「引灤入津」プロジェクトのトンネル掘削・分水センターなど11のプロジェクトの施工任務を担う。

- 1985年4月、山東省の重点建設プロジェクト「引黄入青」の建設支援に参加。1994年、三峡水利中枢プロジェクトの永久閘門の建造を担う。

- 西安市の護城河・北京市の涼水河・広州市の沙河涌・吉林省の松花江・広東省の横江瀝河・山東省の白浪河・山東省の東平湖堤防強化・遼寧省の白股河・黄河の小浪底ダムなどの大型水利プロジェクト、チベット自治区のダムと広西チワン族自治区柳州市の紅馬山ダムの拡張工事、河南省林州市の紅旗渠の先進技術による改修などの建設支援に参加。

17.3 その他の重点建設プロジェクトへの参加

　1984～86年、済南軍区・済南軍区空軍・海軍北海艦隊の合計1万7000人余りの将兵が勝利油田拡張プロジェクト（ダム・道路・通信回線・空港・原油積出港などの8大重点プロジェクト）の建設任務を担い、完成させた。1997年6月、蘭州軍区と成都軍区の1万人余りの将兵が「九五〔第9次五か年計画、1996～2000年〕」国家重点プロジェクトである、全長2754kmの蘭州－西寧－ラサ光ファイバー通信ケーブル敷設任務を担い、1998年8月に竣工した。2001年9月、蘭州軍区の1700人余りの将兵が「十五〔第10次五か年計画、2001～2005年〕」国家重点プロジェクトである、「西気東輸〔中国西部の天然ガスを東部沿岸地域に輸送する〕」パイプラインの新疆ウイグル自治区内における最も困難な区間の施工任務を担い、完成させた。1998年、北海艦隊の某部隊将兵が中国が設計し建造する初の原子力発電所——秦山原子力発電所第3期工事の施工支援に参加し、完成させた。改革開放以降、人民解放軍は3万km余りの光通信ケーブルを敷設し、2200校の「希望小学校〔貧困地域に民間の寄付により建設される学校〕」の建設を支援した。

その他の重点建設プロジェクトへの参加

- 1984～86年、済南軍区・済南軍区空軍・海軍北海艦隊の合計1万7000人余りの将兵が勝利油田拡張プロジェクトの建設任務を完遂。

- 1997年6月、蘭州軍区と成都軍区の1万人余りの将兵が「第9次五か年計画」国家重点プロジェクトである、全長2754kmの蘭州－西寧－ラサ光ファイバー通信ケーブル敷設任務を完遂。

- 2001年9月、蘭州軍区の1700人余りの将兵が「第10次五か年計画」国家重点プロジェクトである、「西気東輸」パイプラインの新疆ウイグル自治区内における最も困難な区間の施工任務を完遂。

- 1998年、北海艦隊の某部隊将兵が中国が設計し建造する初の原子力発電所－秦山原子力発電所第3期工事の施工支援任務を完遂。

- 改革開放以降、3万km余りの光通信ケーブルを敷設し、2200校の「希望小学校」建設を支援。

17.4　災害救助・救援活動への参加

　人民解放軍および武装警察部隊が参加した重大な災害救助・救援活動には主に以下のものがある。

　1975年8月5～8日、河南省駐馬店市や許昌市などが大規模水害に見舞われ、人民解放軍将兵7万人余りが救援活動に参加、合計34万8000人を救助・移送し、各種物資2500トン余りを輸送。1976年7月28日、河北省唐山地区でM7.8の強烈な地震が発生。人民解放軍将兵10万人余りが直ちに救助・救援に参加、合計6万人余りを救出、245万人余りの負傷者に応急処置をし、7万人余りの負傷者を移送。同時に鉄道・幹線道路・橋梁を応急修理し、救援物資を急送、被災地住民の経済活動と生活の回復を支援。1987年5月、黒竜江省大興安嶺北部地区で大規模森林火災が発生。瀋陽軍区と空軍部隊の兵員3万5000人、自動車880台余り、飛行機60機余りが出動、武装森林警察・地方幹部や民衆とともに消火・救援活動に参加。1998年夏、長江・嫩江・松花江・珠江の流域で未曾有の大洪水が発生。人民解放軍の兵員30万人余り、飛行機2200機余り、車両1万2500台余り、ボート1170艘余りが出動、武装警察部隊・地方幹部や民衆とともに洪水被害に対する緊急救援活動に参加。2008年1月、湖南省・湖北省・貴州省・広西チワン族自治区・安徽省などの10数行政区域で長期にわたる広範囲の大雨・大雪・凍結災害が発生。人民解放軍と武装警察部隊が氷雪対策に参加し、将兵延べ99万5000人を動員、軍用輸送機とヘリコプター延べ226機を出動させ、各種物資6万2000トンを輸送、500組余りの医療チームを派遣。同年5月12日、四川省汶川県でM8の巨大地震が発生。人民解放軍と武装警察部隊が直ちに14万人余りの将兵を出動させ被災者救助・救援活動に参加、合計147万人余りを救助・移送し、生き埋めになった8万4000人余りを救出。2010年に中国軍は、青海省玉樹県で発生した強烈な地震の被害に対する救助・救援に2万1000人、甘粛省舟曲県〔ドゥクチュ県〕で発生した大規模土石流災害に対する救助・救援に1万2000人を投入。

　さらに改革開放以降、人民解放軍は次の災害救助・救援活動にも参加。1979年江蘇省溧陽市の地震被害対応、1985年遼寧省の洪水被害対応、1998～99年チベット地区の大雪被害対応、2003年SARS〔重症急性呼吸器症候群〕感染拡大阻止、2006年の重慶地区干ばつ被害対応と中国南部の一部地域での台風被害対応。

災害救助・救援活動への参加

1975年8月5〜8日、河南省駐馬店市や許昌市などが大規模水害に見舞われ、人民解放軍将兵7万人余りが救援活動に参加。

↓

1976年7月28日、河北省唐山地区でM7.8の強烈な地震が発生。人民解放軍将兵10万人余りが直ちに救助・救援に参加。

↓

1987年5月、黒竜江省大興安嶺北部地区で大規模森林火災が発生。瀋陽軍区と空軍部隊の兵員3万5000人、自動車880台余り、飛行機60機余りが出動、消火・救援活動に参加。

↓

1998年夏、長江・嫩江・松花江・珠江の流域で大洪水が発生。人民解放軍の兵員30万人余り、飛行機2200機余り、車両1万2500台余り、ボート1170艘余りが出動、洪水被害に対する緊急救援活動に参加。

↓

2008年1月、湖南省・湖北省・貴州省などの10数行政区域で大雨・大雪・凍結の大規模災害が発生。人民解放軍と武装警察部隊が氷雪対策に参加。

↓

2008年5月12日、四川省汶川県でM8の巨大地震が発生。人民解放軍と武装警察部隊が直ちに14万人余りの将兵を出動させ被災者救助・救援活動に参加、合計147万人余りを救助・移送し、生き埋めになった8万4000人余りを救出。

その他の災害救助・救援活動への参加。1979年江蘇省溧陽市の地震被害対応、1985年遼寧省の洪水被害対応、1998〜99年チベット地区の大雪被害対応、2003年SARS感染拡大阻止、2006年の重慶地区干ばつ被害対応と中国南部の一部地域での台風被害対応、2010年青海省玉樹県の地震被害対応など。

第3編　訳注

第8章

注1　植民地化のための帝国主義戦争を否定し、解放を目指す革命戦争を正義の戦争として肯定する。

注2　中国軍の部隊には、軍事作戦の指揮を執る主官と政治工作を指導する政治委員が配置され、軍事と政治の2つの首長が責任を分担して任務を遂行する。

注3　人民の代表機関を最高機関の地位に置き、これに全権を集中させることで、人民の権力を確保する。

注4　中国共産党が革命拠点として実行支配していた地域。1927年の井岡山革命根拠地をはじめとして省境の農村地帯に建設された。

注5　平時と戦時の転換能力を強化し、平時には軍需の生産力を民需生産に振り向け、戦時には民需の生産力を軍需品の生産に振り向ける。軍事効果と経済効果の結合を重視する政策。

注6　1927年に毛沢東は三湾にて軍隊に初めて政治委員制度を設け、小隊あるいは分隊に党小組を、中隊に党支部を、大隊以上に党委員会を設置した。軍の編成序列名については第1編第2章訳注4を参照。

注7　連隊以上の部隊・機関における政治分野の指導者を「政治委員」、大隊規模を「政治教導員」、中隊規模を「政治指導員」と呼ぶ。

注8　中国共産党が軍幹部養成のため設立した紅軍大学を前身とし、西安事件後の1937年に中国人民抗日軍政大学に改名された。

注9　1927年8月1日に中国共産党が江西省南昌で起こした武装蜂起。この日を人民解放軍建軍記念日としている。

注10　歌詞の訳は以下のとおりである。

　　　前へ、前へ、前へ！我らの隊列は太陽に向かう、祖国の大地を踏みしめながら、民族の希望を背負いながら、我らは誰も勝つことができない力なり。

　　　我らは労働者と農民の子弟、我らは人民の武装兵、決して恐れず、決して屈せず、勇ましく戦う、反対派を滅ぼし尽くし、毛沢東の旗が高々と翻るまで。

　　　聞け！風がピューピューと進軍ラッパを吹き鳴らすのを、聞け！革命の歌声が高らかに響き渡るのを！

　　　同志たちよ、歩調をそろえて解放の戦場へ突き進め、同志たちよ、歩調をそろえて祖国の辺境へ駆けつけろ、

　　　前へ、前へ！我らの隊列は太陽に向かう、最後の勝利に向かって、全国の解放に向かって！

注11　2006年に胡錦濤主席が提唱した「八栄八恥（8つの栄誉と8つの恥辱）」を柱とする文明国家建設のための道徳規律。

第9章

注1　漳州と厦門（アモイ）。

注2　福建省南部。

注3　旧名称。1958年に改編され広西チワン族自治区が成立。

注4　広東と広西。

注5 "琼崖人民抗日游击独立纵队（海南島人民抗日遊擊獨立隊）"の略。「瓊崖」は海南島の別称。
注6 この「起義」とは反国民党クーデターの意味。国民党新疆警備司令官だった陶峙岳と新疆省政府主席だったブルハン（包爾漢）がそれぞれ電信方式で起義を宣言し、新疆は平和裏に解放された。新疆起義、新疆平和解放と呼ばれる。
注7 QUMUL（クムル）は哈密（ハミ）のウイグル名。1949年10月、中華人民共和国新疆省クムル専区が成立。
注8 清朝乾隆帝時代にこの地域は「啓迪教化（啓蒙・教化する）」という意味から「迪化（てきか）」と命名された。1954年に迪化から元の名称のウルムチに戻った。
注9 四川省と貴州省。
注10 雲南省の別称。
注11 中国名は「昌都」。
注12 中国大陸と台湾海峡を隔てた場所に位置する台湾島と周辺島嶼、および澎湖諸島を指す。"中華民国"の実効支配下にある福建省の島々（金門島・馬祖島・烏坵、いわゆる金馬地区）は福建省に属すとしており、台湾省には含んでいない。
注13 地方を牛耳る有力者、その土地で勢力のある地主階級の実権派。
注14 「軍」の司令部。「軍」は軍隊の編成単位でいくつかの師団からなる。
注15 反革命の首謀者は処罰し、強迫されて従ったものは追及しないという方針。
注16 できるかぎり多数を思想改造し、少数を孤立させて打撃を加え、主力と分離した敵を個別に撃破する戦術。
注17 中国東北部と北朝鮮との国境となっている川。
注18 国連軍・韓国軍による1951年8月の「リッジウエイ夏季攻勢」と10月の「バン・フリート秋季攻勢」を指す。
注19 1952年10〜11月の国連軍・韓国軍の大攻勢に対する反撃。
注20 1951年8月中旬より開始された、国連軍の大規模な空爆により前線と後方を分断し補給輸送路を空中から封鎖する作戦。
注21 「朝鮮戦争休戦協定」は北朝鮮軍・中国人民志願軍の両軍と、アメリカ軍を主体とする国連軍の間で調印された。
注22 原文は「打打停停」。実質的な戦闘行為は1958年10月5日終結、6日に中国が金門・馬祖島の封鎖を解除し、7日間の砲撃中止を宣言。13日に再度2週間の攻撃中止を発表、以降は中国人民解放軍が隔日攻撃の方針を発表。
注23 砲弾に宣伝用のビラが詰められたもの。奇数日に宣伝弾を打ち、偶数日には停止した。
注24 1965年8月6日に福建省南部に位置する東山島付近の海上で発生した軍事衝突。東山海戦とも呼ばれる。
注25 互いに了解し譲り合う。
注26 アメリカはジュネーブ協定に調印せず、1955年にサイゴン（現ホーチミン市）を首都とする親米的なベトナム共和国（南ベトナム）が成立するとこれを積極的に支援した。

第11章
注1 部隊の隊列が観閲台の前を通るときに観閲官の観閲を受ける儀式。観閲官が閲兵車に乗っ

て閲兵をする「巡閲」ではなく、部隊が観閲台にいる観閲官に対し徒歩隊列・車両隊列・空中隊列の形で行進し観閲を受ける。
注2　3章「3.4　人民解放軍各軍種・兵種の歴史と沿革」参照。中国人民武装警察部隊の旧称の1つ、1957年9月に廃止。
注3　中央軍事委員会が空軍を指導管理する空軍司令部などの統帥機関。大軍区司令部と共同で各大軍区の空軍を指導する。

第12章
注1　一般条件下の局地戦争への対応からハイテク条件下の局地戦争への対応への転換と、軍建設の数・規模型から質・効率型へ、人力集約型から科学技術集約型への転換。
注2　軍種ごとに行っていた後方勤務（兵站）を陸海空3軍統合の後方勤務体制に移行させて効率を向上し、3軍が一体となった合同作戦を実施しやすくする。

第14章
注1　軍の規格として正式に採用され生産される兵器や武器を指す。
注2　兵器装備の型式を示すアルファベット記号は以下の中国語およびロシア語名の頭文字からなる。

　　　J（殲撃）…戦闘機　　　　　　H（轟炸）…爆撃機　　　　　Q（強撃）…攻撃機
　　　CJ（初教）…初等練習機　　　　JJ（殲教）…練習戦闘機　　　HJ（轟教）…練習爆撃機
　　　Z（直昇）…ヘリコプター　　　　Y（運輸）…輸送機　　　　　KJ（空警）…哨戒機
　　　HQ（紅旗）…地対空ミサイル　　PL（霹靂）…空対空ミサイル
　　　H-6U（轟油6型空中給油機）　　H-6H（轟炸6巡航ミサイル搭載型爆撃機）
　　　Yak（ヤク）…旧ソ連で開発された戦闘機　Yak-18は複座の戦闘練習機型
　　　MiG（ミグ）…旧ソ連で開発された戦闘機
　　　IL（イリューシン）…旧ソ連で開発された空中給油機

第15章
注1　2001年6月に中国、ロシアと中央アジア4か国（カザフスタン・キルギス・タジキスタン・ウズベキスタン）で発足した地域的多国間協力組織。2017年6月にインドとパキスタンの加盟が正式に承認され8か国となった。
注2　東南アジア諸国連合（ASEAN）加盟10か国と中日韓3か国（10＋3）で協力していく枠組み。ASEAN＋3（アセアンプラススリー）とも呼ばれる。
注3　1998年に締結された米中軍事海洋協議協定（Military Maritime Consultative Agreement：MMCA）に基づく米中の特別会議。2001年9月のグアム開催が初会合。以降、年に1回の割合で定期的に実施。
注4　国連待機制度（United Nations Standby Arrangements System：UNSAS）は、国連加盟国が一定期間内に提供可能な要員の種類や規模などの情報を国連に対し事前登録し、これに基づき国連が各国に派遣を要請する制度。登録の内容に応じてレベル1から3まである。
注5　PKO軍の通称。各国の軍服（戦闘服）に、水色のベレー帽やヘルメットを被ることから、「ブルーベレー」や「ブルーヘルメット」と呼ばれる。

注6 ジュネーブ軍縮会議（CD）の議長経験国であるアルジェリア・ベルギー・コロンビア・スウェーデン・チリの5人の大使によって提出された調停案。この提案は、5人の大使（Ambassador）によるものということで、「A5案」と呼ばれる。2003年1月に本文中にある4つの重要課題について特別委員会の設置を求める案が提出され、6月にはさらに、PAROS特別委員会の任務の中に「関連する国際的な条約について交渉する可能性を含む」の文言を加える修正A5案が提出された。

注7 ジュネーブ軍縮会議の下に設置された宇宙空間における軍備競争の防止（Prevention of Arms Race in Outer Space：PAROS）に関する特別委員会。

注8 FMCT：Fissile Material Production Cut-off Treaty。核兵器用の高濃縮ウラン、プルトニウムなどの生産を禁止する。カットオフ条約とも呼ばれる。

注9 NSA：Negative Security Assurance。核不拡散条約（NPT）を遵守する非核兵器国に対し核兵器による威嚇・攻撃を行わないことを核兵器国が保証する。

第16章

注1 戦争をはじめとする武力紛争などの「伝統的脅威」に対して、気候変動や自然災害、テロや海賊行為、貧困や食糧不足、不法移民や難民、感染症などの非軍事的な諸問題は非伝統的安全保障の領域に分類される。

注2 パキスタン・スリランカ・バングラデシュの3か国。

注3 1989年に中国の練習艦がアメリカ・ハワイの真珠湾に寄港したことを指す。

第17章

注1 地域発展戦略上の施策として整備された道路。

注2 瀋大高速道路（遼寧省瀋陽市と大連市を結ぶ）・京石高速道路（北京市と河北省石家荘市を結ぶ）・済青高速道路（山東省済南市と青島市を結ぶ）・広深高速道路（広東省広州市と深圳市を結ぶ）・滬寧高速道路（上海市と江蘇省の省都南京市を結ぶ）

注3 京九線（北京市と香港九龍を結ぶ）・金温線（浙江省金華市と温州市を結ぶ）・宝中線（陝西省宝鶏市から寧夏回族自治区中衛市を結ぶ）

注4 1976年に発生した唐山地震による壊滅的被害からの復興作業。

第4編
人物編

- 第18章　歴代の中華人民共和国中央軍事委員会主席と国防部部長
- 第19章　中華人民共和国元帥、大将、開国上将
- 第20章　中国人民解放軍軍事家の称号獲得者36名

図解　現代中国の軌跡　中国国防

18.1　歴代中央軍事委員会主席

　中華人民共和国成立以降、中央軍事委員会主席に就任したのは次の5名である。毛沢東・鄧小平・江沢民・胡錦濤・習近平。

　毛沢東（1893 〜 1976）、湖南省湘潭県〔現、湘潭市〕出身、中華人民共和国初代中央軍事委員会主席。第一次国内革命戦争の時期[注1]に、中国工農革命軍第四軍の党代表などの職を歴任。第二次国内革命戦争の時期[注2]に、中国工農紅軍第一方面軍前線指揮委員会書記兼総政治委員などの職を歴任。1937年8月、中国共産党中央革命軍事委員会主席に就任。1949年10月、中華人民共和国中央軍事委員会主席に就任。新中国成立後は、中華人民共和国中央人民政府主席、中華人民共和国主席、中国共産党中央委員会主席などに就任。

　鄧小平（1904 〜 1997）、四川省広安県〔現、広安市〕出身、中華人民共和国第2代中央軍事委員会主席。1981年6月、中国共産党中央軍事委員会主席に就任。1983年6月、中華人民共和国中央軍事委員会主席に就任。1989年11月、鄧小平は中国共産党中央政治局に書簡を送り、中央軍事委員会主席辞職を請求、11月9日、中共第13期五中全会[注3]で同請求に同意する決定がなされ、1990年3月、第7期全国人民代表大会第3回会議で、鄧小平の中華人民共和国中央軍事委員会主席辞職請求を承認する決定が可決された。

　江沢民（1926 〜　）、江蘇省揚州〔現、揚州市〕出身、中華人民共和国第3代中央軍事委員会主席。1989年11月、中国共産党中央軍事委員会主席に就任。1990年3月、中華人民共和国中央軍事委員会主席に就任。2004年9月、党中央軍事委員会主席を辞任。2005年3月、国家中央軍事委員会主席を辞任。

　胡錦濤（1942 〜　）、安徽省績渓県出身、中華人民共和国第4代中央軍事委員会主席。2004年9月、中国共産党中央軍事委員会主席に就任。2005年3月、中華人民共和国中央軍事委員会主席に就任。2012年11月、党中央軍事委員会主席を辞任。2013年3月、国家中央軍事委員会主席を辞任。

　習近平（1953 〜　）、陝西省富平県出身、中華人民共和国第5代中央軍事委員会主席。2012年11月、中国共産党中央軍事委員会主席に就任。2013年3月、中華人民共和国中央軍事委員会主席に就任。

歴代中華人民共和国中央軍事委員会主席

在任期間

毛沢東
1949.10 〜 1976.9

1949

1983

鄧小平
1983.6 〜 1990.3

江沢民
1990.3 〜 2005.3

1990

2005

胡錦濤
2005.3 〜 2013.3

2013

習近平
2013.3 〜

18.2 歴代国防部部長

　中華人民共和国成立以降、国防部部長〔国防大臣、「部」は日本の国家行政組織における「省」に相当〕に就任したのは次の11名である。彭徳懐・林彪・葉剣英・徐向前・耿
こうひょう
飈・張愛萍・秦基偉・遅浩田・曹剛川・梁光烈・常万全。

　彭徳懐（1898～1974）、湖南省湘潭県〔現、湘潭市〕出身、中華人民共和国初代国防部長。新中国成立以降、中央人民政府人民革命軍事委員会[注4]副主席、西北軍政委員会[注5]主席、西北軍区司令員、中国人民志願軍司令員兼政治委員などを歴任。1954年9月以降、国務院副総理兼国防部長、国防委員会副主席などに就任。1955年、元帥の階級を授与された。

　林彪（1907～1971）、湖北省黄岡県〔現、黄岡市〕出身、中華人民共和国第2代国防部長。新中国成立以降、中南軍政委員会主席、中南軍区兼第4野戦軍司令員、国務院副総理などを歴任。1959年9月以降、国防部長、党中央軍事委員会副主席などを兼任。1955年、元帥の階級を授与された。

　葉剣英（1897～1986）、広東省梅県〔現、梅州市〕出身、中華人民共和国第3代国防部長。新中国成立以降、党中央華南分局第一書記、広東省人民政府主席兼広州市長、華南軍区司令員、中央人民政府人民革命軍事委員会副主席、人民解放軍武装力量監察部[注6]部長、軍事科学院院長兼政治委員、党中央軍事委員会副主席兼秘書長などを歴任。1975年1月、国防部長を兼任。1955年、元帥の階級を授与された。

　徐向前（1901～1990）、山西省五台県出身、中華人民共和国第4代国防部長。新中国成立以降、人民解放軍総参謀長、中央人民政府人民革命軍事委員会副主席、党中央軍事委員会副主席、国務院副総理、国家中央軍事委員会副主席などを歴任。1978年3月、国防部長を兼任。1955年、元帥の階級を授与された。

　耿飈（1909～2000）、湖南省醴陵
れいりょう
県〔現、醴陵市〕出身、中華人民共和国第5代国防部長。新中国成立以降、中華人民共和国駐外大使、外交部副部長〔外務副大臣〕、党中央対外連絡部部長、党中央軍事委員会常務委員および秘書長、国務院副総理などを歴任。1981年3月、国防部長を兼任。

　張愛萍（1910～2003）、四川省達県〔現、達州市〕出身、中華人民共和国第6代国防部長。新中国成立以降、第7兵団および浙江軍区司令員、華東軍区および

第3野戦軍参謀長、人民解放軍副総参謀長兼国防科学技術委員会主任、国務院副総理などを歴任。1982年11月、国務委員兼国防部長に就任。1955年、上将の階級を授与された。

秦基偉（1914～1997）、湖北省黄安県〔現、紅安県〕出身、中華人民共和国第7代国防部長。新中国成立以降、中国人民志願軍第15軍軍長、昆明軍区司令員、成都軍区司令員、北京軍区司令員などを歴任。1988年4月、国務委員兼国防部長に就任。1955年に中将、1988年9月に上将の階級を授与された。

遅浩田（1929～　）、山東省招遠県〔現、招遠市〕出身、中華人民共和国第8代国防部長。第3野戦軍大隊副教導員〔政治指導員〕、中国人民志願軍連隊政治処副主任、人民解放軍第27軍第81師団政治委員、北京軍区副政治委員、済南軍区政治委員、人民解放軍総参謀長、中央軍事委員会副主席などを歴任。1993年3月、国務委員兼国防部長に就任。1988年9月、上将の階級を授与された。

曹剛川（1935～　）、河南省舞鋼市出身、中華人民共和国第9代国防部長。人民解放軍総参謀部装備部副部長および軍務部部長、中央軍事委員会軍用品貿易弁公室主任、人民解放軍副参謀長、国防科学技術工業委員会主任、人民解放軍総装備部部長、中央軍事委員会副主席などを歴任。2003年3月、国務委員兼国防部長に就任。1998年3月、上将の階級を授与された。

梁光烈（1940～　）、四川省三台県出身、中華人民共和国第10代国防部長。武漢軍区司令部作戦部副部長、第20軍第58師団師団長、第20集団軍軍長、第54集団軍軍長、北京軍区副司令員、瀋陽軍区司令員、南京軍区司令員、中央軍事委員会委員、人民解放軍総参謀長などを歴任。2008年3月、国務委員兼国防部長に就任。2002年6月、上将の階級を授与された。

常万全（1949～　）、河南省南陽市出身、中華人民共和国第11代国防部長。蘭州軍区司令部作戦部部長、第21集団軍第61師団師団長、第47集団軍参謀長、国防大学戦役教研室〔研究室〕主任、第47集団軍軍長、蘭州軍区参謀長、北京軍区参謀長、瀋陽軍区司令員、中央軍事委員会委員、人民解放軍総装備部部長などを歴任。2013年3月、国務委員兼国防部長に就任。2007年11月、上将の階級を授与された。

図解　現代中国の軌跡　中国国防

歴代の中華人民共和国国防部長

在任期間

彭徳懐
1954.9～1959.9

1954

1959

葉剣英
1975.1～1978.3

1975

林彪
1959.9～1971.9

1978

耿颷
1981.3～1982.11

1981

徐向前
1978.3～1981.3

1982

秦基偉
1988.4～1993.3

1988

張愛萍
1982.11～1988.4

1993

曹剛川
2003.3～2008.3

2003

遅浩田
1993.3～2003.3

2008

常万全
2013.3～

2013

梁光烈
2008.3～2013.3

19.1　10名の元帥

　1955年、中華人民共和国は最初の軍隊階級制度を実施し、10名に元帥の階級を授与した。現在に至るまで元帥は次の10名のみである。朱徳・彭徳懐・林彪・劉伯承・賀竜・陳毅・羅栄桓・徐向前・聶栄臻（じょうえいしん）・葉剣英。

　朱徳（1886～1976）、四川省儀隴県出身。新中国成立以降、中央人民政府副主席、党中央軍事委員会副主席、人民解放軍総司令、中華人民共和国副主席、国防委員会副主席などを歴任。1955年、元帥の階級を授与された。

　彭徳懐（1898～1974）、湖南省湘潭県〔現、湘潭市〕出身。新中国成立以降、中央人民政府人民革命軍事委員会副主席、西北軍政委員会主席、西北軍区司令員、中国人民志願軍司令員兼政治委員、国務院副総理兼国防部長、国防委員会副主席などを歴任。1955年、元帥の階級を授与された。

　林彪（1907～1971）、湖北省黄岡県〔現、黄岡市〕出身。新中国成立以降、中南軍政委員会主席、中南軍区兼第4野戦軍司令員、国務院副総理兼国防部長、党中央軍事委員会副主席などを歴任。1955年、元帥の階級を授与された。

　劉伯承（1892～1986）、四川省開県〔現、開州区〕出身。新中国成立以降、党中央西南局第二書記、西南軍政委員会主席、人民解放軍軍事学院院長兼政治委員、中央人民政府人民革命軍事委員会副主席、党中央軍事委員会訓練総監部[注1]部長、高等軍事学院院長兼政治委員、党中央軍事委員会副主席、国防委員会副主席などを歴任。1955年、元帥の階級を授与された。

　賀竜（そうじゅ）（1896～1969）、湖南省桑植県出身。新中国成立以降、西南軍区司令員、党中央西南局第三書記、西南軍政委員会副主席、中央人民政府人民革命軍事委員会副主席、国務院副総理兼国家体育運動委員会主任、国防委員会副主席、党中央軍事委員会副主席、党中央軍事委員会国防工業委員会主任などを歴任。1955年9月、元帥の階級を授与された。

　陳毅（1901～1972）、四川省楽至県出身。新中国成立以降、華東軍区司令員兼上海市長、中央人民政府人民革命軍事委員会副主席、国務院副総理兼外交部長〔外務大臣〕、党中央軍事委員会副主席、国防委員会副主席などを歴任。1955年、元帥の階級を授与された。

　羅栄桓（1902～1963）、湖南省衡山県〔現、衡東県〕出身。新中国成立以降、

中央人民政府最高人民検察署検察長、人民解放軍総政治部主任兼総幹部管理部[注2]部長、中央人民政府人民革命軍事委員会副主席などを歴任。1955年、元帥の階級を授与された。

　徐向前（1901～1990）、山西省五台県出身。新中国成立以降、人民解放軍総参謀長、中央人民政府人民革命軍事委員会副主席、党中央軍事委員会副主席、国務院副総理兼国防部長、国家中央軍事委員会副主席などを歴任。1955年、元帥の階級を授与された。

　聶栄臻（1899～1992）、四川省江津県〔現、重慶市江津区〕出身。新中国成立以降、党中央軍事委員会秘書長兼人民解放軍総参謀長代理、国防委員会副主席、党中央軍事委員会副主席、国務院副総理兼国防科学技術委員会主任および国家科学技術委員会主任、全国人民代表大会常務委員会副委員長などを歴任。1955年、元帥の階級を授与された。

　葉剣英（1897～1986）、広東省梅県〔現、梅州市〕出身。新中国成立以降、党中央華南分局第一書記、広東省人民政府主席兼広州市長、華南軍区司令員、中央人民政府人民革命軍事委員会副主席、人民解放軍武装力量監察部部長、軍事科学院院長兼政治委員、党中央軍事委員会副主席兼秘書長、国防部長などを歴任。1955年、元帥の階級を授与された。

中華人民共和国元帥

朱　徳

彭徳懐

林　彪

劉伯承

賀　竜

陳　毅

羅栄桓

徐向前

聶栄臻

葉剣英

第19章　中華人民共和国元帥、大将、開国上将

19.2　10名の大将

　1955年、中華人民共和国は最初の軍隊階級制度を実施し、10名に大将の階級を授与した。現在も大将は次の10名のみである。粟裕・徐海東・黄克誠・陳
賡
こう
・譚
たんせい
政・蕭
しょうけいこう
勁光・張雲逸・羅瑞卿・王樹声・許光達。

　粟裕（1907〜1984）、湖南省会同県出身、トン族〔侗族〕。新中国成立以降、華東軍区および第3野戦軍副司令員、人民解放軍副総参謀長および総参謀長、国防部副部長、軍事科学院副院長および第一政治委員、党中央軍事委員会常務委員、全国人民代表大会常務委員会副委員長などを歴任。1955年、大将の階級を授与された。

　徐海東（1900〜1970）、湖北省黄陂県〔現、武漢市黄陂区〕出身。新中国成立以降、党中央華中局委員、中央人民政府人民革命軍事委員会委員、国防委員会委員などを歴任。1955年、大将の階級を授与された。

　黄克誠（1902〜1986）、湖南省永興県出身。新中国成立以降、湖南省党委員会書記、湖南軍区司令員兼政治委員、人民解放軍副総参謀長兼総後勤部部長および政治委員、党中央軍事委員会秘書長、国防部副部長、総参謀長、党中央軍事委員会顧問などを歴任。1955年、大将の階級を授与された。

　陳賡（1903〜1961）、湖南省湘郷県〔現、湘郷市〕出身。新中国成立以降、西南軍区副指令員兼雲南軍区司令員、中国人民志願軍副司令員、人民解放軍軍事工程学院院長兼政治委員、人民解放軍副総参謀長兼国防科学技術委員会副主任、党中央軍事委員会委員、国防部副部長などを歴任。1955年、大将の階級を授与された。

　譚政（1906〜1988）、湖南省湘郷県〔現、湘郷市〕出身。新中国成立以降、中南軍区および第4野戦軍第三政治委員兼幹部管理部部長、華南軍区政治委員、人民解放軍総政治部主任、国防部副部長、党中央軍事委員会常務委員、党中央監察委員会副書記などを歴任。1955年、大将の階級を授与された。

　蕭勁光（1903〜1989）、湖南省長沙府〔現、長沙県〕出身。新中国成立以降、人民解放軍海軍司令員、国防部副部長、全国人民代表大会常務委員会副委員長などを歴任。1955年、大将の階級を授与された。

　張雲逸（1892〜1974）、広東省文昌県〔現、海南省文昌市〕出身。新中国成立

以降、広西省〔現、広西チワン族自治区〕党委員会書記、広西省人民政府主席、広西軍区司令員兼政治委員、中南行政委員会副主席、党中央監察委員会副書記などを歴任。1955年、大将の階級を授与された。

　羅瑞卿（1906～1978）、四川省南充県〔現、南充市〕出身。新中国成立以降、公安部[注3]部長、公安軍司令員、国務院副総理、党中央軍事委員会秘書長、人民解放軍総参謀長、国防部副部長兼国防工業弁公室主任、国防委員会副主席などを歴任。1955年、大将の階級を授与された。

　王樹声（1905～1974）、湖北省麻城県〔現、麻城市〕出身。新中国成立以降、湖北軍区司令員、中南軍区副司令員、国防部副部長、人民解放軍総軍機械部部長、軍事科学院副院長などを歴任。1955年、大将の階級を授与された。

　許光達（1908～1969）、湖南省長沙県〔現、長沙市〕出身。新中国成立以降、装甲兵司令員兼坦克〔戦車〕学校校長、装甲兵学院院長、国防部副部長などを歴任。1955年、大将の階級を授与された。

図解　現代中国の軌跡　中国国防

中華人民共和国大将

粟　裕

徐海東

黄克誠

陳　賡

譚　政

蕭勁光

張雲逸

羅瑞卿

王樹声

許光達

19.3 57名の開国上将[注4]

　1955年、中華人民共和国は最初の軍隊階級制度を実施し、55名に上将の階級を授与し、1956年に王建安、1958年に李聚奎にそれぞれ上将の階級を授与した。最初の軍隊階級制度実施において上将の階級を授与されたのは、全部で次の57名である。王平・王震・王宏坤・王建安・王新亭・韋国清・烏蘭夫・鄧華・葉飛・甘泗淇・呂正操・朱良才・劉震・劉亜楼・許世友・楊勇・楊成武・楊至成・楊得志・蘇振華・李達・李濤・李天佑・李克農・李志民・李聚奎・宋任窮・宋時輪・張宗遜・張愛萍・陳士榘・陳再道・陳伯鈞・陳奇涵・陳明仁・陳錫聯・周桓・周士第・周純全・趙爾陸・鍾期光・洪学智・賀炳炎・郭天民・唐亮・陶峙岳・蕭華・蕭克・黄永勝・閻紅彦・韓先楚・彭紹輝・董其武・傅鍾・傅秋濤・謝富治・頼伝珠。

　王平（1907～1998）、湖北省陽新県出身。新中国成立以降、中国人民志願軍第20兵団政治委員、中国人民志願軍政治委員、南京軍事学院政治委員、砲兵政治委員、武漢軍区第一政治委員、総後勤部政治委員、党中央軍事委員会常務委員および副秘書長などを歴任。1955年、上将の階級を授与された。

　王震（1908～1993）、湖南省瀏陽県〔現、瀏陽市〕出身。新中国成立以降、党中央新疆分局書記、新疆軍区第一副司令員および司令員代理兼政治委員、鉄道兵司令員兼政治委員、人民解放軍副総参謀長、国務院農墾部部長[注5]、国務院副総理、党中央軍事委員会常務委員、中国共産党中央党校[注6]校長、党中央顧問委員会副主任、国家副主席などを歴任。1955年、上将の階級を授与された。

　王宏坤（1909～1993）、湖北省麻城県〔現、麻城市〕出身。新中国成立以降、人民解放軍海軍副司令員、第二政治委員などを歴任。1955年、上将の階級を授与された。

　王建安（1908～1980）、湖北省黄安県（現、紅安県）出身、新中国成立以降、中国人民志願軍第9兵団司令員兼政治委員、瀋陽軍区副司令員、済南軍区副司令員、福州軍区副司令員、党中央軍事委員会顧問などを歴任。1956年1月、上将の階級を授与された。

　王新亭（1908～1984）、湖北省孝感県〔現、孝感市〕出身。新中国成立以降、西南軍区政治部副主任および主任、西南軍区副政治委員兼政治部主任、済南軍区

司令員代理兼第二政治委員、軍事科学院副政治委員兼政治部主任、人民解放軍副総参謀長、党中央軍事委員会副秘書長、軍事科学院政治委員などを歴任。1955年、上将の階級を授与された。

韋国清（1913～1989）、広西省〔現、広西チワン族自治区〕東蘭県出身、チワン族〔壮族〕。新中国成立以降、駐ベトナム中国軍事顧問団団長、解放軍公安部隊副司令員、公安軍第二副司令員、国家民族事務委員会[注7]副主任、広西省省長、広西チワン族自治区党委員会第一書記、広州軍区第一政治委員、党中央軍事委員会委員、人民解放軍総政治部主任、中国共産党中央政治局委員、全人代常務委員会副委員長などを歴任。1955年、上将の階級を授与された。

烏蘭夫（ウランフ）（1906～1992）、内蒙古〔現、内モンゴル自治区〕トゥムド左旗出身、モンゴル族。新中国成立以降、中央人民政府委員、政務院委員、国防委員会委員、中央民族事務委員会党組[注8]書記および主任、綏遠省（すいえん）[注9]人民政府主席、国務院副総理、内モンゴル自治区党委員会第一書記、内モンゴル自治区人民委員会主席、内モンゴル軍区司令員兼政治委員、全人代常務委員会副委員長、中国人民政治協商会議全国委員会副主席、国家副主席などを歴任。1955年、上将の階級を授与された。

鄧華（1910～1980）、湖南省郴州（ちんしゅう）〔現、郴県〕出身。新中国成立以降、第4野戦軍第15兵団司令員兼広東軍区第一副司令員、中国人民志願軍第一副司令員兼第一副政治委員、中国人民志願軍司令員兼政治委員、人民解放軍副総参謀長兼瀋陽軍区司令員、軍事科学院副院長、党中央軍事委員会委員などを歴任。1955年、上将の階級を授与された。

葉飛（1914～1999）、福建省南安県〔現、南安市〕出身。新中国成立以降、福建省党委員会第一書記、福建省省長、南京軍区副司令員、福州軍区司令員兼政治委員、党中央華東局書記処書記、交通部長〔交通大臣〕、人民解放軍海軍第一政治委員、海軍司令員、全人代常務委員会副委員長などを歴任。1955年、上将の階級を授与された。

甘泗淇（1904～1964）、湖南省寧郷県〔現、寧郷市〕出身。新中国成立以降、第1野戦軍および西北軍区副政治委員兼政治部主任、中国人民志願軍副政治委員兼政治部主任、人民解放軍総政治部副主任などを歴任。1955年、上将の階級を授与された。

呂正操（1905～2009）、奉天省海城県〔現、遼寧省海城市〕出身。新中国成立以降、中央人民政府鉄道部副部長および部長代理、党中央軍事委員会軍事運輸司令員、人民解放軍総参謀部軍事交通部部長、人民解放軍鉄道兵第一政治委員、鉄道部部長〔鉄道大臣〕、中国人民政治協商会議全国委員会副主席などを歴任。1955年、上将の階級を授与された。

朱良才（1900～1989）、湖南省汝城県出身。新中国成立以降、華北軍区政治部主任兼華北軍政大学政治委員、華北軍区副政治委員兼政治部主任、北京軍区政治委員、党中央監察委員会委員などを歴任。1955年、上将の階級を授与された。

劉震（1915～1992）、湖北省孝感県〔現、孝感市〕出身。新中国成立以降、中南軍区空軍司令員、東北軍区空軍司令員、中国人民志願軍空軍司令員、空軍副司令員、空軍学院院長兼政治委員、瀋陽軍区副司令員、新疆軍区司令員、党中央軍事委員会委員、軍事科学院副院長などを歴任。1955年、上将の階級を授与された。

劉亜楼（1910～1965）、福建省武平県出身。新中国成立以降、人民解放軍空軍司令員、国防部副部長、党中央軍事委員会委員、国防科学技術委員会副主任、国防部第五研究院[注10]院長などを歴任。1955年、上将の階級を授与された。

許世友（1906～1985）、湖北省麻城県〔現、河南省新県〕出身。新中国成立以降、山東軍区司令員、中国人民志願軍第3兵団司令員、華東軍区第二副司令員、人民解放軍副総参謀長、南京軍区司令員、国防部副部長兼南京軍区司令員、党中央華東局書記処書記、江蘇省党委員会第一書記、党中央軍事委員会委員、広州軍区司令員、党中央顧問委員会副主任などを歴任。1955年、上将の階級を授与された。

楊勇（1913～1983）、湖南省瀏陽県〔現、瀏陽市〕出身。新中国成立以降、貴州省人民政府主席兼貴州軍区司令員、第二高級歩兵学校校長、中国人民志願軍第20兵団司令員、中国人民志願軍第三副司令員兼参謀長および司令員、北京軍区司令員、人民解放軍副総参謀長、瀋陽軍区副司令員、新疆軍区司令員、党中央軍事委員会常務委員および副秘書長などを歴任。1955年、上将の階級を授与された。

楊成武（1914～2004）、福建省長汀県出身。新中国成立以降、天津警備区司令員、京津衛戍区副司令員および司令員、中国人民志願軍第20兵団司令員、北京軍区司令員、人民解放軍防空軍司令員、人民解放軍副総参謀長、党中央軍事委員会弁公庁主任、人民解放軍総参謀長代理、党中央軍事委員会副秘書長、福州軍区

司令員、中国人民政治協商会議全国委員会副主席などを歴任。1955年、上将の階級を授与された。

楊至成（1903～1967）、貴州省三穂県出身。新中国成立以降、華中軍区および中南軍区の軍需部部長、中南軍政委員会軽工業部部長、中南軍区第一副参謀長兼後勤部部長、人民解放軍武装力量監察部副部長、軍事科学院副院長兼院務部部長、高等軍事学院副院長などを歴任。1955年、上将の階級を授与された。

楊得志（1911～1994）、湖南省醴陵県〔現、醴陵市〕出身。新中国成立以降、陝西軍区司令員および中国人民志願軍第19兵団司令員、中国人民志願軍副司令員および司令員、済南軍区司令員、党中央軍事委員会委員、山東省党委員会第一書記、武漢軍区司令員、昆明軍区司令員、国防部副部長、人民解放軍総参謀長、党中央軍事委員会副秘書長などを歴任。1955年、上将の階級を授与された。

蘇振華（1912～1979）、湖南省平江県出身。新中国成立以降、貴州軍区政治委員および司令員、貴州省党委員会書記兼省財政経済委員会主任、人民解放軍海軍副政治委員兼政治部主任、海軍政治委員、党中央軍事委員会常務委員、上海市党委員会第一書記などを歴任。1955年、上将の階級を授与された。

李達（1905～1993）、陝西省郿県〔現、眉県〕出身。新中国成立以降、西南軍区副司令員兼参謀長、雲南軍区司令員、中国人民志願軍参謀長、国防部副部長、人民解放軍訓練総監部副部長兼計画部および監察部部長、人民解放軍副総参謀長などを歴任。1955年、上将の階級を授与された。

李濤（1905～1970）、湖南省汝城県出身。新中国成立以降、中央人民政府人民革命軍事委員会工程学校[注11]校長、党中央軍事委員会技術部部長、総参謀部第三部[注12]部長および政治委員などを歴任。1955年、上将の階級を授与された。

李天佑（1914～1970）、広西省臨桂県〔現、広西チワン族自治区桂林市臨桂区〕出身、新中国成立以降、広西軍区司令員、広州軍区司令員代理、人民解放軍副総参謀長、党中央軍事委員会委員などを歴任。1955年、上将の階級を授与された。

李克農（1899～1962）、安徽省巣県〔現、巣湖市〕出身、新中国成立以降、党中央情報委員会書記、党中央情報部〔情報工作機関〕部長、外交部副部長、党中央軍事委員会総情報部部長、人民解放軍副総参謀長などを歴任。1955年、上将の階級を授与された。

李志民（1906～1987）、湖南省瀏陽県〔現、瀏陽市〕出身。新中国成立以降、

陝西軍区政治委員、中国人民志願軍第19兵団政治委員、志願軍政治部主任、志願軍政治委員、人民解放軍高等軍事学院政治委員、福州軍区政治委員、党中央軍事委員会委員などを歴任。1955年、上将の階級を授与された。

李聚奎（1904～1995）、湖南省安化県〔現、漣源市〕出身、新中国成立以降、第4野戦軍副総参謀長、東北軍区後勤部部長、人民解放軍後勤学院院長、石油工業部[注13]部長〔大臣〕、人民解放軍総後勤部政治委員、人民解放軍高等軍事学院院長、党中央軍事委員会委員などを歴任。1958年、上将の階級を授与された。

宋任窮（1909～2005）、湖南省瀏陽県〔現、瀏陽市〕出身。新中国成立以降、第4兵団兼雲南軍区政治委員、雲南省党委員会書記、党中央副秘書長、人民解放軍総幹部部副部長、第三・第二・第七機械工業部[注14]部長、党中央東北局第一書記兼瀋陽軍区第一政治委員、中国人民政治協商会議全国委員会副主席、党中央組織部〔人事担当機関〕部長、党中央書記処書記などを歴任。1955年、上将の階級を授与された。

宋時輪（1907～1991）、湖南省醴陵県〔現、醴陵市〕出身。新中国成立以降、中国人民志願軍第9兵団司令員兼政治委員、人民志願軍副司令員、人民解放軍総高級歩兵学校校長兼政治委員、軍事科学院副院長および院長、党中央軍事委員会教育訓練委員会主任、党中央軍事委員会委員などを歴任。1955年、上将の階級を授与された。

張宗遜（1908～1998）、陝西省渭南県〔現、渭南市〕出身。新中国成立以降、第1野戦軍兼西北軍区副司令員、最高人民検察署西北分署検察長、西北軍政委員会委員、西北軍政委員会財政経済委員会副主任、人民解放軍副総参謀長兼軍校〔軍事学校〕部部長、済南軍区副司令員、総後勤部部長などを歴任。1955年、上将の階級を授与された。

張愛萍（1910～2003）、四川省達県〔現、達州市〕出身。中国成立以降、第7兵団司令員兼浙江軍区司令員、華東軍区および第3野戦軍参謀長、人民解放軍副総参謀長兼国防科学技術委員会主任、国務院副総理、国務委員兼国防部長などを歴任。1955年、上将の階級を授与された。

陳士榘（1909～1995）、湖北省武昌県〔現、武漢市〕出身。新中国成立以降、南京軍事学院訓練部部長および教育長、人民解放軍工程兵〔工兵〕司令員兼中央人民政府人民革命軍事委員会軍事建築部部長、工程兵特殊工程指揮部司令員兼政

治委員、党中央軍事委員会委員などを歴任。1955年、上将の階級を授与された。

陳再道（1909～1993）、湖北省麻城県〔現、麻城市〕出身。新中国成立以降、中南軍区副司令員兼河南軍区司令員、人民解放軍武装力量監察部副部長兼武漢軍区司令員、福州軍区副司令員、鉄道兵司令員、党中央軍事委員会委員、中国人民政治協商会議全国委員会副主席などを歴任。1955年、上将の階級を授与された。

陳伯鈞（1910～1974）、四川省達県〔現、達川市〕出身。新中国成立以降、湖南軍区第一副司令員、南京軍事学院訓練部副部長・副教育長・副院長、高等軍事学院院長などを歴任。1955年、上将の階級を授与された。

陳奇涵（1897～1981）、江西省興国県出身。新中国成立以降、人民解放軍軍事審判廷〔軍事法廷〕裁判長、軍事法院〔軍事裁判所〕院長、最高人民法院副院長[注15]などを歴任。1955年、上将の階級を授与された。

陳明仁（1903～1974）、湖南省醴陵県〔現、醴陵市〕出身。1949年8月、湖南省長沙で部隊を率いて起義を電信で宣言[注16]。新中国成立後は人民解放軍に入隊、湖南軍区副司令員、第21兵団司令員、中南軍政委員会委員、第55軍軍長、国防委員会委員などを歴任。1955年、上将の階級を授与された。

陳錫聯（1915～1999）、湖北省黄安県〔現、紅安県〕出身、新中国成立以降、重慶市党委員会第一書記、重慶市長、川東軍区司令員、人民解放軍砲兵司令員、砲兵学院院長、瀋陽軍区司令員、党中央東北局書記処書記、北京軍区司令員、党中央軍事委員会常務委員、国務院副総理などを歴任。1955年、上将の階級を授与された。

周桓（1909～1993）、遼寧省荘河県〔現、東港市〕出身。新中国成立以降、東北軍区副政治委員、党中央東北局常務委員、瀋陽軍区政治委員、遼寧省党委員会書記処書記などを歴任。1955年、上将の階級を授与された。

周士第（1900～1979）、広東省海南島楽会県〔現、海南省瓊海市〕出身。新中国成立以降、西南軍区副司令員、西南軍政委員会委員、党中央西南局委員、人民解放軍防空軍司令員、訓練総監部副部長兼軍外訓練部[注17]部長、総参謀部顧問などを歴任。1955年、上将の階級を授与された。

周純全（1905～1985）、湖北省黄安県〔現、紅安県〕出身、新中国成立以降、中南軍区兼第4野戦軍後勤部部長、東北軍区後勤部部長兼中国人民志願軍後勤指揮部指揮官、中国人民志願軍後勤部政治委員、総後勤部第一副部長兼副政治委員、

武装力量監察部第一副部長などを歴任。1955年、上将の階級を授与された。

趙爾陸（1905～1697）、山西省崞県〔現、原平市〕出身。新中国成立以降、第4野戦軍および中南軍区参謀長、第二・第一機械工業部部長兼国家経済委員会副主任、党中央軍事委員会国防工業委員会副主任、国務院国防工業弁公室主任兼国防工業政治部主任などを歴任。1955年、上将の階級を授与された。

鍾期光（1909～1991）、湖南省平江県出身。新中国成立以降、南京軍事学院政治部主任・副政治委員・政治委員、軍事科学院副政治委員、党中央顧問委員会委員などを歴任。1955年、上将の階級を授与された。

洪学智（1913～2006）、安徽省金寨県〔旧、河南省商城県〕出身。新中国成立以降、中南軍区第15兵団第一副司令員、広東軍区副司令員、東北辺防〔国境警備〕軍第13兵団副司令員、中国人民志願軍副司令員、中国人民志願軍後勤司令部司令員、総後勤部部長、国務院国防工業弁公室主任、党中央軍事委員会副秘書長、総後勤部部長兼政治委員、中国人民政治協商会議全国委員会副主席などを歴任。1955年と1988年の２回、上将の階級を授与された。

賀炳炎（1913～1960）、湖北省松滋県〔現、松滋市〕出身。新中国成立以降、西南軍区副司令員兼四川軍区司令員、成都軍区司令員、国防委員会委員などを歴任。1955年、上将の階級を授与された。

郭天民（1905～1970）、湖北省黄安県〔現、紅安県〕出身。新中国成立以降、雲南軍区第一副司令員、人民解放軍訓練総監部副部長兼軍事出版部および院校部部長などを歴任。1955年、上将の階級を授与された。

唐亮（1910～1986）、湖南省瀏陽県〔現、瀏陽市〕出身。新中国成立以降、華東軍区党委員会第三書記、華東軍区政治部主任兼幹部管理部部長、華東軍区副政治委員、南京軍区政治委員、人民解放軍軍政大学政治委員、人民解放軍政治学院院長、党委員会書記などを歴任。1955年、上将の階級を授与された。

陶峙岳（1892～1988）、湖南省寧郷県〔現、寧郷市〕出身。1949年9月、部隊を率いて起義を宣言[注18]し、人民解放軍に加わった。新中国成立以降、新疆軍区副司令員、西北軍政委員会委員、人民解放軍第22兵団司令員、新疆生産建設兵団司令員、湖南省人民代表大会常務委員会副主任、中国人民政治協商会議全国委員会副主席などを歴任。1955年、上将の階級を授与された。

蕭華（1916～1985）、江西省興国県出身。新中国成立以降、人民解放軍空軍政

治委員、総政治部副主任、総幹部部部長、党中央軍事委員会副秘書長、総政治部主任、軍事科学院政治委員、蘭州軍区政治委員、中国人民政治協商会議全国委員会副主席などを歴任。1955 年、上将の階級を授与された。

蕭克（1907 〜 2008）、湖南省嘉禾県(かか)出身。新中国成立以降、人民解放軍訓練総監部副部長、国防部副部長、人民解放軍軍政大学学長、軍事学院院長兼第一政治委員、中国人民政治協商会議全国委員会副主席などを歴任。1955 年、上将の階級を授与された。

黄永勝（1910 〜 1983）、湖北省咸寧県(かんねい)〔現、咸寧市〕出身。新中国成立以降、第 4 野戦軍第 13 兵団司令員、第 15 兵団司令員兼広東軍区副司令員、中国人民志願軍第 19 兵団司令員、広州軍区司令員、人民解放軍総参謀長などを歴任。1955 年、上将の階級を授与された。

閻紅彦（1909 〜 1967）、陝西省安定県〔現、子長県〕出身。新中国成立以降、四川省党委員会副書記および書記、四川軍区副政治委員、四川省副省長兼重慶市党委員会第一書記、成都軍区第一副政治委員、雲南省党委員会第一書記兼昆明軍区第一政治委員などを歴任。1955 年、上将の階級を授与された。

韓先楚（1913 〜 1986）、湖北省黄安県〔現、紅安県〕出身。新中国成立以降、第 13 兵団副司令員、中国人民志願軍副司令員、第 19 兵団司令員、中南軍区参謀長、人民解放軍副総参謀長、福州軍区司令員、福建省党委員会第一書記、蘭州軍区司令員、党中央軍事委員会常務委員、国防委員会委員、全人代常務委員会副委員長などを歴任。1955 年、上将の階級を授与された。

彭紹輝（1906 〜 1978）、湖南省湘潭県〔現、湘潭市〕出身。新中国成立以降、西北軍区参謀長および副司令員兼参謀長、人民解放軍副総参謀長兼訓練総監部副部長、軍事科学院副院長、人民解放軍副総参謀長、国防委員会委員などを歴任。1955 年、上将の階級を授与された。

董其武（1899 〜 1989）、山西省河津県(かしん)〔現、河津市〕出身。1949 年 9 月、綏遠(すいえん)省〔現、内モンゴル自治区〕の国民党軍事・政治人員を率いて起義を宣言[注 19]。新中国成立以降、綏遠軍政委員会副主席、綏遠省人民政府主席、人民解放軍綏遠軍区副司令員および第 23 兵団司令員、中国人民志願軍第 23 兵団司令員、人民解放軍第 69 軍軍長、中国人民政治協商会議全国委員会副主席などを歴任。1955 年、上将の階級を授与された。

傅鍾（1900〜1989）、四川省叙永県出身。新中国成立以降、人民解放軍総政治部副主任、国防委員会委員、中国文学芸術界連合会副主席、党中央顧問委員会委員などを歴任。1955年、上将の階級を授与された。

傅秋濤（1907〜1981）、湖南省平江県出身。新中国成立以降、党中央山東分局書記代理兼山東軍区政治委員、人民解放軍総参謀部隊列部部長および動員部部長、党中央軍事委員会人民武装委員会副主任などを歴任。1955年、上将の階級を授与された。

謝富治（1909〜1975）、湖北省黄安県〔現、紅安県〕出身。新中国成立以降、雲南省党委員会書記、雲南省人民政府主席、西南軍区副政治委員、雲南軍区司令員兼政治委員、公安部部長、国務院副総理などを歴任。1955年、上将の階級を授与された。

頼伝珠（1910〜1965）、江西省贛州〔現、贛州市〕出身。新中国成立以降、第13兵団政治委員、人民解放軍総幹部管理部副部長、北京軍区政治委員などを歴任。1955年、上将の階級を授与された。

図解　現代中国の軌跡　中国国防

中華人民共和国 57 名の開国上将

 王　平

 王　震

 王宏坤

 王建安

 王新亭

 韋国清

 烏蘭夫

 鄧　華

 葉　飛

 甘泗淇

 呂正操

 朱良才

劉 震	劉亞樓	許世友	楊 勇
楊成武	楊至成	楊得志	蘇振華
李 達	李 濤	李天佑	李克農
李志民	李聚奎	宋任窮	宋時輪

第19章 中華人民共和国元帥、大将、開国上将

図解　現代中国の軌跡　中国国防

 唐　亮
 陶峙岳
 蕭　華
 蕭　克

 黄永勝
 閻紅彦
 韓先楚
 彭紹輝

 董其武
 傅　鍾
 傅秋濤
 謝富治

 頼伝珠

第19章　中華人民共和国元帥、大将、開国上将

中国人民解放軍軍事家の称号獲得者 36 名

　1989 年 11 月、中央軍事委員会は次の 33 名に「中国人民解放軍軍事家」の称号を授与し、『中国大百科全書・軍事（17）中国人民解放軍人物分冊』に記載することを決定した。毛沢東・周恩来・朱徳・鄧小平・彭徳懐・劉伯承・賀竜・陳毅・羅栄桓・徐向前・聶栄臻・葉剣英・楊尚昆・李先念・粟裕・徐海東・黄克誠・陳賡・譚政・蕭勁光・張雲逸・羅瑞卿・王樹声・許光達・葉挺・許継慎・蔡申熙・段徳昌・曾中生・左権・彭雪楓・羅炳輝・林彪。

　1994 年 8 月、中央軍事委員会はさらに黄公略・方志敏・劉志丹の 3 名を中国人民解放軍軍事家に追加することを決定、全部で 36 名となった。

中国人民解放軍軍事家の称号獲得者 36 名

 毛沢東

 周恩来

 朱　徳

 鄧小平

 彭徳懐

 劉伯承

 賀　竜

 陳　毅

 羅栄桓

 徐向前

 聶栄臻

 葉剣英

図解　現代中国の軌跡　中国国防

 葉 挺
 許継慎
 蔡申熙
 段徳昌
 曾中生
 左 権
 彭雪楓
 羅炳輝
 林 彪
 黄公略
 方志敏
 劉志丹

第20章 中国人民解放軍軍事家の称号獲得者36名

第4編　訳注

第18章
注1　1921年の中国共産党成立から1924年の第一次国共合作を経て、1927年の国共分裂に至る時期。
注2　1927年の国共分裂から1937年の第二次国共合作による抗日民族統一戦線形成までの時期。
注3　中国共産党第13期中央委員会第5回全体会議。1989年11月に北京で開催された中国共産党中央委員会の会議。略称を第13期五中全会という。
注4　第3章「3.3　中央軍事委員会の歴史と沿革」参照。
注5　中華人民共和国建国初期（1949年12月～1954年11月）に国土を東北・華北・西北・華東・中南・西南の6つの大行政区に分け、各大行政区に人民政府または軍政委員会を設置した。
注6　第3章「3.2　人民解放軍の歴史と沿革」参照。1950年代の人民解放軍8大総部の1つ。

第19章
注1　第3章「3.2　人民解放軍の歴史と沿革」参照。1950年代の人民解放軍8大総部の1つ。
注2　1950年9月設立、1950年代に存在した人民解放軍8総部の1つ、総幹部部の前身。1958年に総幹部部は総政治部内の幹部部に改組された。
注3　警察業務を管掌する中央官庁。国務院に所属する。
注4　建国の功労者に位置づけられる上将。日中戦争および国共内戦において多大な貢献があった軍事指導者に授与された。
注5　中国東北部などの辺境地域の開墾、開発を担当する行政部門の大臣。農墾部は1956年設立、1982年に農牧漁業部として発展的に解消。
注6　中国共産党中央委員会直属の党高級幹部養成機関。
注7　中国国内少数民族の権益保護を目的とする、国務院所属の国家委員会。
注8　党グループとも訳される。行政機関に対する中国共産党の指導・管理機構。
注9　中国の旧省名。省都は現在のフフホト市。綏遠省は1954年に内モンゴル自治区に編入された。
注10　1956年設立。中国初のロケット・ミサイル研究機関。
注11　「中央軍委機要通信幹部学校（中央軍事委員会機密通信幹部学校）」を指す。軍用通信技術の教育研究機関。1949年設立。現在の西安電子科学技術大学。
注12　通信技術による諜報活動、サイバー戦を管掌する機関。
注13　石油産業を管理する国家行政部門（日本の省に相当）。1988年に石油工業部は撤廃、行政と経営を分離して国有企業（中国石油天然ガス総公司）へ移行。
注14　国務院所管の行政部門として兵器開発・製造を管理。業務内容により核工業担当、航空・宇宙工業担当、電子工業担当などに分かれる。1998年にすべて廃止され、行政機能を国務院に残し、経済機能は国有企業に改組された。
注15　日本の最高裁判所副長官に相当。
注16　1949年8月4日、湖南省政府主席だった程潜と国民党第一兵団指令だった陳明仁が中国共産党が提示した和平協定を受け入れ、国民党員30人余りとともに起義を電信方式で発表。湖南起義、長沙起義とも呼ばれる。

注17　軍外訓練部は1950年代に存在した8大総部の1つである訓練総監部の下部組織。
注18　第9章「9.1　戦略的追撃」および第9章の訳注6参照。
注19　1949年9月19日、国民党綏遠省政府主席だった董其武が部隊6万余人を率いて起義を宣言して国民党政府を離脱、綏遠は平和的に解放された。綏遠起義と呼ばれる。

参考文献一覧

『中国軍事百科全書』軍事科学出版社
『当代中国軍隊的軍事工作』中国社会科学出版社、1989 年
『当代中国的国防科技事業』当代中国出版社、1995 年
中国空軍百科全書編審委員会編『中国空軍百科全書』航空工業出版、2005 年
金鵬編著『国防力量』軍事科学出版社、2003 年
『中国人民解放軍組織沿革』解放軍出版社、2002 年
『中国人民解放軍全史』軍事科学出版社、2000 年
『抗美援朝戦争史』軍事科学出版社、2000 年
『当代中国空軍』中国社会科学出版社、1989 年
『当代中国海軍』中国社会科学出版社、1987 年
『中国人民解放軍』当代中国出版社、1994 年
『中国共産党組織史資料』中共党史出版社、2000 年
『中国人民解放軍第四野戦軍戦史』解放軍出版社、1998 年
王健英著『中国紅軍人物志』広東人民出版社、2000 年
『中国人民解放軍高級将領伝』解放軍出版社、2007 年
蘇志栄主編『国防体制教程』軍事科学出版社、1999 年
『中華人民共和国国防法』法律出版社、1997 年
『中華人民共和国兵役法』法律出版社、1999 年
『中華人民共和国国防教育法』中国民主法制出版社、2001 年
『中華人民共和国軍事設施保護法』中国法制出版社、2001 年
『中華人民共和国刑法』中国法制出版社、2005 年
『中華人民共和国人民防空法』法律出版社、1996 年
『中華人民共和国新法規彙編』中国法制出版社、1997 年
方寧編著『国防法規』軍事科学出版社、2003 年
白書『2004 年中国的国防』、『中華人民共和国年鑑 2005（総第 25 期）』中華人民共和国年鑑出版社、2005 年
『中国人民解放軍改革発展 30 年』軍事科学出版社、2008 年
『中国人民解放軍軍史』（全 6 巻）軍事科学出版社、2011 年
『中国人民解放軍軍語』（完本）軍事科学出版社、2011 年
『当代世界軍事与中国国防』中共中央党校出版社、2003 年
『人民日報』、『解放軍報』

訳者あとがき

　中国関係の仕事に何らかの形で携わっている者なら、新中国建国以来の現代史は最低限押さえておくべきで、現政権の価値観の源流をそこに見ることができる。

　本書（原著）は、2013年3月の全人代で習近平氏が国家主席に選出され、同政権が本格的に始動した時期に出版された。その後、2015年11月から軍の大幅な機構改革が行われたが、この大転換期に、本書にまとめられた新中国建国前夜から習近平政権発足までの国防の歴史と軍の変遷を踏まえておくことの重要性は言うまでもなく、今後を見据える上でさまざまな貴重な視点を提供してくれるだろう。

　中国では党の方針や国策を反映した映画を「主旋律映画」と呼ぶ。本書にもこの「主旋律」を感じさせる主張が随所に見られるが、翻訳するにあたっては、それらをありのままに伝えるようにした。他国と付き合う上で相手の立場を正しく知ることは極めて重要だからである。

　私たちは「日中関係」と呼ぶが、中国では必ず「中日関係」と言う。「日中戦争」は「中国人民抗日戦争」、「第二次世界大戦」は「世界反ファシズム戦争」である。

　立ち位置が違うと同じものでも見方が変わる。日本人もあの「敗戦」を「終戦」と呼んでいる。是非の判断はひとまず置いて、相手の歴史観を批判する前にまず、互いの主旋律の響きによく耳を澄ませることから始めたい。

　排他的で過激に見える言動にも、歴史に培われた背景や時の政権が抱える事情、戦略的な駆け引きさえ存在する。複雑さを増す国際情勢のなかで、相手国が発するメッセージを正しく読み取り、互いの立場を理解しようとする姿勢を貫くことが信頼を醸成し、ウィンウィンの関係構築への第一歩となるだろう。

　最後に、本書翻訳にあたり監訳者として多大なご助力をいただいた三潴正道先生に感謝申し上げます。また翻訳の機会を作ってくださった科学出版社東京株式会社向安全社長、柳文子部長および編集の労をお取りいただいた細井克臣様に心から御礼申し上げます。

吉田祥子
2018年6月

著者・監訳者・翻訳者略歴

著者
田越英（ティエン・ユエイン）
中国人民解放軍軍事科学院軍事史・百科研究部研究員、博士。軍階級は大校〔大佐に相当〕。著書に『共和国将軍——許光達』、『中国軍兵種』ほか多数。『解放戦争戦略・進攻特徴入門』『イラク戦争における米国衛星の運用及び特徴』『人民空軍戦略の発展的変化及び法則』『劉亜楼の空軍思想考察』など、数十篇の論文を発表し、10数部の研究レポートを執筆。軍事科学院優秀成果三等賞、全軍装備研究成果二等賞を複数回受賞している。

監訳者
三潴正道（みつま　まさみち）
麗澤大学客員教授。NPO法人『日中翻訳活動推進協会（而立会）』理事長。上海財経大学商務漢語基地専門家。日中学院講師。主な業績：著者「必読！いま中国が面白い」（日本僑報社）、『時事中国語の教科書』（朝日出版社）、『論説体中国語読解力養成講座』（東方書店）、『ビジネスリテラシーを鍛える中国語Ⅰ、Ⅱ』（朝日新聞社）など。ネットコラム『現代中国放大鏡』（グローヴァ）、『中国「津津有味」』（北京日本商会）、『日中面白異文化考』（チャイナネット）、『日中ビジネス「和睦相処」』（東海日中貿易センター）、『日中異文化「どっちもどっち」』（JST）

翻訳者
吉田祥子（よしだ　よしこ）
フリーランス翻訳者。NPO法人「日中翻訳活動推進協会（而立会）」認定翻訳士。主な翻訳書に『論説体中国語読解練習帳』全4巻（東方書店）、『必読！いま中国が面白い』シリーズ（日本僑報社）、『たくさんキクヨム中国語』（コスモピア）など。2014年より特許庁「中日特許翻訳プロジェクト」に参加し翻訳・校閲を担当。2017年より季刊誌『和華』・月刊誌『月刊中国ニュース』（いずれもアジア太平洋観光社）の翻訳・編集を担当。

図解 現代中国の軌跡
中国国防

2018年8月21日　初版第1刷発行

著　　者	田越英
監 訳 者	三潴正道
翻 訳 者	吉田祥子
発 行 者	向安全
発　　行	科学出版社東京株式会社

〒113-0034　東京都文京区湯島2丁目9-10　石川ビル1階
TEL 03-6803-2978　FAX 03-6803-2928
http://www.sptokyo.co.jp

組版・装丁　越郷拓也
印刷・製本　モリモト印刷株式会社

ISBN 978-4-907051-42-6　C0031

『図解中国国防』© Tian Yueying, 2014.
Japanese copyright © 2018 by Science Press Tokyo Co., Ltd.
All rights reserved original Chinese edition published by People's Publishing House.
Japanese translation rights arranged with People's Publishing House.

定価はカバーに表示しております。
乱丁・落丁本は小社までお送りください。送料小社負担にてお取り換えいたします。
本書の無断転載・模写は、著作権法上での例外を除き禁じられています。